新编实用化工产品配方与制备
化妆品分册

李东光　主编

中国纺织出版社有限公司

内 容 提 要

本书收集了与国民经济和人民生活密切相关的、具有代表性的实用化妆品产品,内容涉及美容化妆品、润肤化妆品、眼部化妆品、疗效化妆品、美发化妆品、护发化妆品等方面,以满足不同领域和层面使用者的需要。

本书可作为从事化妆品相关新产品开发人员的参考读物。

图书在版编目(CIP)数据

新编实用化工产品配方与制备. 化妆品分册/李东光主编.
--北京:中国纺织出版社有限公司,2020.5
ISBN 978 - 7 - 5180 - 6617 - 9

Ⅰ.①新… Ⅱ.①李… Ⅲ.①化工产品—配方 ②化工产品—制备 ③化妆品—配方 ④化妆品—制备 Ⅳ.①TQ062 ②TQ072

中国版本图书馆 CIP 数据核字(2019)第 191239 号

责任编辑:范雨昕　责任校对:寇晨晨　责任印制:何　建

中国纺织出版社有限公司出版发行
地址:北京市朝阳区百子湾东里 A407 号楼　邮政编码:100124
销售电话:010—67004422　传真:010—87155801
http://www.c-textilep.com
中国纺织出版社天猫旗舰店
官方微博 http://weibo.com/2119887771
北京云浩印刷有限责任公司印刷　各地新华书店经销
2020 年 5 月第 1 版第 1 次印刷
开本:880×1230　1/32　印张:8
字数:213 千字　定价:88.00 元

前言

随着我国经济的高速发展，化学品与社会生活和生产的关系越来越密切。化学工业的发展在新技术的带动下形成了许多新的认识。人们对化学工业的认识更加全面、成熟，期待化学工业在高新技术的带动下加速发展，为人类进一步谋福。目前化学品的门类繁多，涉及面广，品种数不胜数。随着与其他行业和领域的交叉逐渐深入，化工产品不仅涉及与国计民生相关的工业、农业、商业、交通运输、医疗卫生、国防军事等各个领域，而且与人们的衣、食、住、行等日常生活的各个方面都息息相关。

目前我国化工领域已开发出不少工艺简单、实用性强、应用面广的新产品、新技术，不仅促进了化学工业的发展，而且提高了经济效益和社会效益。随着生产的发展和人民生活水平的提高，对化工产品的数量、质量和品种提出了更高的要求，加上发展实用化工投资少、见效快，使国内许多化工企业都在努力寻找和发展化工新产品、新技术。

为了满足读者的需要，我们在中国纺织出版社有限公司的组织下编写了这套"新编实用化工产品配方与制备"丛书，书中着重收集了与国民经济和人民生活高度相关的、具有代表性的化学品及一些具有非常良好发展前景的新型化学品，并兼顾各个领域和层面使用者的需要。与以往出版的同类书相比，本套丛书有如下特点，一是注重实用性，在每个产品中着重介绍配方、制作方法和特性，使读者据此试验时，能够既掌握方法，又了解产品的应用特性；二是所收录的配方大部分是批量小、投资小、能耗低、生产工艺简单，有些是通过混配即可制得的产品；三是注重配方的新颖性；四是所收录配方的原材料是立足于国内。因此，本书尤其适合中小企业及个体生产者开发新产品时选用。

本书的配方是按产品的用途进行分类的，读者可据此查找所需的配方。由于每个配方都有一定的合成条件和应用范围限制，所以在产品的制备过程中影响因素很多，尤其是需要温度、压力、时间控制的反应性产品（即非物理混合的产品），每个条件都很关键，另外，本书的编写参考了大量的有关资料和专利文献，我们没有也不可能对每个配方进行逐一验证，所以读者在参考本书进行试验时，应本着先小试后中试再放大的原则，小试产品合格后才能往下一步进行，以免造成不必要的损失。特别是对于食品及饲料添加剂等产品，还应符合国家规定的产品质量标准和卫生标准。

本书参考了近年来出版的各种化学化工类图书、期刊以及部分国内外专利资料等，在此谨向所有参考文献的作者表示衷心感谢。

本书由李东光主编，参加本书编写工作的还有翟怀凤、蒋永波、李嘉等，由于编者水平有限，书中难免有疏漏之处，请读者在应用中发现问题及不足之处时予以批评指正。

编者

2019 年 8 月

目录

第一章　美容化妆品

第二章　润肤化妆品

第三章　眼部化妆品

第四章 疗效化妆品

第五章　美发化妆品

第六章 护发化妆品

第一章 美容化妆品

实例1 增白美容护肤霜

【原料配比】

原　　料	配比（质量份）
珍珠粉	10
琥珀粉	5
朱砂粉	1
人参粉	10
血竭粉	5
冰片粉	10
香脂	100

【制备方法】 将以上粒度分别在350目以上的中药粉末与香脂均匀混合，即得成品。

【产品应用】 本品具有增白、祛斑的功效。

【产品特性】 本品配方合理，使用效果显著，无毒副作用，无刺激性及过敏反应，安全可靠。

实例2 保健美容天然化妆品

【原料配比】

原　　料	配比（质量份）		
	1#	2#	3#
红景天	10	20	30
野山人参	10	20	30
黄芪	10	20	30

续表

原　　料	配比（质量份）		
	1#	2#	3#
三棱	2	8	15
生或酒制川芎	5	15	30
当归	10	20	30
藏红花	6	12	18
生麦芽	15	15	15
鸡内金	18	18	18
蜂王原浆	15	15	15
螺旋藻	16	16	16
貂油	60	80	100
硅油	10	12	16

【制备方法】　本品有多种制剂型式,其制备方法如下。

（1）膏剂的制备:将除貂油和硅油以外的各原料加水蒸煮多次,直至成为黏稠的浓缩液,再与貂油和硅油混合均匀,制得绿色膏状物,即为成品。

（2）外用粉散剂的制备:将各原料(除含貂油和硅油)粉碎成细粉,过筛即得成品。

（3）外用液体制剂的制备:将各原料(除含貂油和硅油)加水,再加热至100℃,然后用小火缓慢加热30min,即得成品。

【产品应用】　本品可用于保健美容,尤其是面部皮肤美容。能够改善面部皮肤血液循环,使皮肤美白、红润、光滑而富有弹性,消除皱纹及各种色斑,增强机体免疫力,延缓衰老。

【产品特性】　本品工艺简单,配方合理,同时具有美容及保健作用,使用效果显著;采用天然原料,无毒副作用,安全可靠。

实例3 丹参化妆品
【原料配比】
配方1 丹酚酸润肤晚霜

原　料		配比（质量份）
油相	可可脂	50
	花生油	160
	液体石蜡	190
	凡士林	230
	蜂蜡	50
	尼泊金丙酯	1.5
	亚硫酸氢钠	0.5
水相	丹参总酚	20
	硼砂	3
	尼泊金甲酯	1.5
	香精	3.5
	纯水	290

【制备方法】 将油相成分混合、搅拌均匀,逐渐加入水相成分,搅拌均匀即可。

配方2 丹酚酸护肤液

原　料	配比（质量份）
丹参总酚	21
维生素A棕榈酸酯	10
维生素E乙酸酯	5
十六烷酯蜡	84
十六烷醇	40
十八烷醇	100

续表

原 料	配比 (质量份)
对羟基苯甲酸甲酯	2
氯代烯丙基氯化六亚甲基四胺	1
月桂基硫酸钠	25
纯水	712

【制备方法】 将活性组分加入纯水中搅拌均匀即可。

配方 3 丹酚酸洗发液

原 料	配比 (质量份)
丹参总酚	20
月桂醇硫酸钠	300
单硬脂酸甘油酯	15
聚乙烯醇	40
羊毛脂	7
鲸蜡醇	15
香精	2
苯甲酚	10
纯水	591

【制备方法】 将活性成分加入纯水中搅拌均匀即可。

各实例中丹参提取物(丹参总酚)的制备方法如下:

(1)将丹参加水煎煮至少两次,合并煎液,冷却后送入高速离心机,得上清液。

(2)将上清液浓缩,加 20% ~30%(质量分数,下同)的石灰乳调节 pH 值至 10,搅拌后,加入 15% ~25% 的硫酸调节 pH 值至 5.5 ~ 6.6,静置,过滤,滤液减压浓缩至干,粉碎成粉末。

(3)将粉末用醋酸乙酯萃取至少两次,合并醋酸乙酯液,浓缩,加丹参质量5%的中性氧化铝和丹参质量3%的活性炭,于38~42℃下搅拌,于10℃以下低温放置,过滤,滤液减压回收醋酸乙酯,即得丹参提取物。

【产品应用】 丹参提取物中水溶性小分子总酚含量高,丹参素和原儿茶醛含量高,气味清香、颜色美观纯正,可用于配制美容、护肤、洗发用品。

制得的化妆品能够改善人体微循环,抗氧化。可用于护养肌肤,祛除皱纹和色斑,滋养毛发,去头屑。

【产品特性】 丹参提取物制备工艺简单可行,产品纯度高,颜色浅,用于配制化妆品,解决了中药化妆品提取脱色的难题,且毒副作用极小。制得的化妆品使用效果显著,对人体无不良影响,安全可靠。

实例4 高效多功能美容露

【原料配比】

原　　料	配比(质量份)		
	1#	2#	3#
壬二酸	10	20	15
丙二醇	7	5	10
丙三醇	3	—	1.5
乙醇(95%)	33.2	31.2	31
氢氧化钠	4.5	5	3.3
精制水	40.5	38.1	37.9
氮酮	1.5	0.5	1.0
香精	0.3	0.2	0.3

【制备方法】

(1)将壬二酸、丙二醇、丙三醇和乙醇放入容量器中,置于热水浴中加热,搅拌溶解成澄清液。

(2)将氢氧化钠溶解于精制水中,冷却至室温。

(3)将步骤(2)所得液体加入热的步骤(1)所得液体中拌匀,冷却至室温,加入氮酮和香精拌匀,静置陈化、过滤,即得成品。

【注意事项】 本品中的壬二酸以单钠盐的形式处于完全的溶解状态,它在氮酮、丙二醇以及乙醇和水的协同作用下,其透皮吸收浓度显著提高,美容治疗效果更好。

【产品应用】 本品适用于各种不同的肤质,对痤疮、脂溢性皮炎、酒渣鼻、黄褐斑、光毒性黑斑等皮肤色素障碍性病症均有良好的美容和治疗作用。

【产品特性】 本品成本低,工艺可操作性强;配方合理,治疗周期短,效果显著;不含化学防腐剂、色素等有害物质,无毒副作用,无刺激性及不良反应,安全可靠。

实例5 美容润肤露

【原料配比】

原 料	配比(质量份)	
	1#	2#
天然乙酰胺	3.5	4.5
D-高聚糖	1.5	2.3
磷酸盐	0.2	1.2
氨基葡萄糖磷酸盐	0.9	1.4
皂苷	0.5	1.5
食用醋精	0.9	1.6
香精	0.9	1.1
高纯水	91.6	86.4

【制备方法】

(1)将天然乙酰胺、D-高聚糖、高纯水溶于食用醋精中,加热至30~40℃,转化成可溶性滤液,溶后脱渣过滤,取滤液。

(2)将步骤(1)所得可溶性滤液与磷酸盐在35~40℃温度下加

热,并投入皂苷,搅拌1~2h,取样,全溶呈金黄色液体,静置24~48h,制得上清液。

(3)将步骤(2)所得上清液和高纯水混合搅拌,并加热至30~35℃(升温不宜过高),30~50min后,溶入氨基葡萄糖磷酸盐,以60~80r/min的速度搅拌2~3h,待液体黏度达到150~300mPa·s时停机冷却,制得生物膜液。

(4)将步骤(3)所得生物膜液在常温搅拌下加入香料香精,搅拌2~4h,液态从金黄色透明变成乳化状,静置一昼夜使生物合成液降解,即得润肤露,封装、入库即可。

【产品应用】　本品能快速激活皮肤,活化表皮细胞,消炎抗菌,可用于消除皱纹、祛除色斑、延缓皮肤衰老。

【产品特性】　本品配方独特,常规的油、酯、蜡、蜜采用生物膜完全取代,原料属于天然高纯生物制品,采用高新生物工程技术制备。本品使用效果显著,对人体肌肤有良好的保护作用,无刺激性,无毒副作用,安全可靠。

实例6　美容露
【原料配比】

原　　料	配比(质量份)
当归	0.6
枸杞	0.8
何首乌	0.8
菟丝子	0.8
茯苓	0.6
陈皮	0.4
甘草	0.2
蜂蜜	8
浓缩珍珠原液	6

原　料	配比（质量份）
超净水	81.5
白瓜子	0.7～0.8
木青香露	2～2.5
薄荷露	2～2.5
丙三醇（甘油）	4.5～5

【制备方法】

（1）将当归、枸杞、何首乌、菟丝子、茯苓、白芷、陈皮、甘草、白附子、白瓜子分别用水洗净，一起放入容器内，再加入超净水15份搅匀，其提取液备用。

（2）将蜂蜜煮沸后滤渣备用。

（3）将浓缩珍珠原液、步骤（1）所得液体和步骤（2）所得液体一起置入反应壶内拌匀，再加入余下的超净水，加热煮沸12～18min。

（4）将步骤（3）所得物料自然冷却，用离心器离心15～25min去沉淀，然后静置40～50h，加入木青香露、薄荷露、丙三醇（甘油），再用板框滤器过滤，装入瓶内压盖，通过高压灭菌20～25min，即得成品。

【产品应用】　本品既可以口服，又可以外擦，具有清热解毒、滋补肝肾、健脾益气的功效，主要用于美容养颜，延缓衰老。

【产品特性】　本品将现代生化技术与传统的中药理论相结合，含有多种氨基酸及微量元素，味道清香，使用方便，效果显著；无毒副作用，对人体无任何不良影响，安全可靠；制备工艺简单，设备无特殊要求，对环境无污染。

实例7　护肤美容乳液

【原料配比】

原　料	配比（质量份）
葡甘露聚糖	70

原　　料	配比（质量份）
氨基酸	0.35
水解蛋白质	0.5
桃花粉	5
冬瓜仁	5
桑葚	3
水	加至100

【制备方法】　将以上各原料经调配、搅拌后再经过滤、加热、消毒、检验、灌瓶、包装，即得成品。

【产品应用】　本品可用于护肤养颜、祛斑、增白以及延缓皮肤衰老。

【产品特性】　本品淀粉含量低，不易变质，保存期限长；不含任何有害化学成分，对皮肤无刺激，对人体无不良影响，美容效果好，使用方便，安全可靠。

实例8　护肤美容液

【原料配比】

原　　料	配比（质量份）
丝瓜汁液	73
芦荟汁液	10
蜂蜜	5
丙三醇	5
零陵香	2
硼酸	3
乙醇	2

【制备方法】

（1）摘取9～10月的鲜嫩丝瓜，清水洗净，用粉碎机粉碎后用榨汁机榨取汁液，经过滤，沉淀后装罐，作为丝瓜汁液备用。

（2）选取三年龄以上的"库拉索"叶片，剖开叶片，取叶内胶状汁液，经过滤去渣装罐，作为芦荟汁液备用。

（3）取零陵香带根全草，加入清水，用文火煎后去渣、过滤、沉淀后，装罐备用。

（4）将丝瓜汁液、芦荟汁液、蜂蜜、丙三醇、零陵香、硼酸和乙醇均匀混合，即得成品。

【产品应用】　本品能够滋润肌肤、活血生肌，可用于防止皮肤老化、减轻色素沉着，防治痤疮、酒糟鼻和毛囊炎等。

【产品特性】　本品工艺简单，配方合理，效果显著，无毒副作用，对皮肤无刺激，使用方便安全。

实例9　芦荟美容化妆品

【原料配比】

配方1　霜类

原　　料	配比（质量份）		
	1#	2#	3#
芦荟鲜汁胶	15	20	10
三压硬脂酸	1.2	1.26	1.14
丙二醇单硬脂酸酯	1.5	1.575	1.425
水解蜂蜡	1.2	1.26	1.14
天然地蜡	7	7.35	6.965
18#白油	47	47.235	46.765
双硬脂酸铝	1	1	1
氢氧化钙	0.1	0.1	0.1
香精	0.05	0.05	0.05

续表

原　　料	配比（质量份）		
	1#	2#	3#
防腐剂	0.02	0.02	0.02
去离子水	加至100	加至100	加至100

【制备方法】 将粉状双硬脂酸铝加入白油中,进行搅拌,待其完全溶解后,经200目真空过滤后,流入有夹套的搅拌锅内,与预先已加热至110℃的由三压硬脂酸、丙二醇单硬脂酸酯、蜂蜡、天然地蜡构成的油质混合物中,温度控制在80℃±5℃,这时将氢氧化钙加入80℃±5℃的去离子水中,溶解后注入油相内,逐渐冷却,连续搅拌1.5～2h,待搅拌冷却至45℃±5℃时,加入芦荟原汁胶、香精和防腐剂,再以30～50r/min的速度均匀搅拌至28℃,最后经三辊机研磨和真空脱气,再经过40℃耐热后不见水、油层,冷却至室温后,即得成品。

配方2 露类

原　　料		配比（质量份）
A	甘油单硬脂酸酯	33.33
	鲸鱼醇	0.42
	十八醇	0.42
	棕榈酸异丙酯	0.66
	羊毛脂	0.33
	矿物油	0.13
B	硬脂酰氧化胺	1.66
C	芦荟鲜汁	25
	香精	0.08
	防腐剂	0.05
	色素	0.06
盐酸二季铵盐		0.06
去离子水		加至100

【制备方法】 首先将 A 组分均匀混合加热至 70℃,然后再将 B 组分加热至 75℃,这时调节硬脂酰氧化胺和去离子水的 pH 值至 5.5~6,混合后加入盐酸二季铵盐,在 800r/min 的速度下进行搅拌,并将 B 组分加入 A 组分中,这时搅拌器的速度降至 300r/min,搅拌 10min,待搅拌器内的温度冷却至 35℃时,再加入 C 组分,冷却至室温,即得成品。

配方3 化妆水类

原　　料	配比(质量份)
甘油	11.11
聚乙二醇(1500)	2.22
聚氧乙烯(EO=15)油醇醚	2.22
乙醇	22.2
芦荟鲜汁胶	22.2
香精	0.22
去离子水	加至100

【制备方法】 在室温下取甘油、聚乙二醇(1500)溶于去离子水中,将香精和聚氧乙烯油醇醚溶于乙醇中,形成两个溶解体系,将乙醇体系加入水体系中,用 30r/min 的转速搅拌 5min,再加入芦荟鲜汁胶,搅拌 32min 后,用 200 目真空过滤机过滤后,即得成品。

【注意事项】 芦荟中含有羟基蒽醌类衍生物,如大黄苷、鲜汁胶、芦荟大黄素和芦荟苦素。含有的多糖聚合物具有提高人体免疫力的作用,还具有使皮肤收敛,软化,保湿消炎,改善肤质的作用。

【产品应用】 本品能够杀灭真菌和霉菌,分解毒素,消除炎症,使皮肤白嫩、富有弹性,并能延缓衰老。

【产品特性】 本品采用芦荟浓缩胶为主要成分料,配方合理,加工精细,使用效果显著;对人体无不良影响,安全可靠。

实例10　美容保健护肤品

【原料配比】

原　　　料	配比（质量份）	
	1#	2#
珍珠(层)水解液	18	30
含锌化合物	0.37	0.67
亚硒酸钠	0.0005	0.006
维生素 E	0.2	0.15
维生素 A	0.025	0.04
甘油	9	7.2
硼砂	0.3	0.4
表面活性剂	适量	适量
蒸馏水	加至100	加至100

【制备方法】

（1）将珍珠或珍珠层粉碎,制成水解液。

（2）将表面活性剂、维生素 E、维生素 A 混合均匀,在不断搅拌下缓缓加入配制总量2/3 的水中,制成水溶性澄清液。

（3）在步骤(2)所得溶液中加入步骤(1)所得水解液、甘油、含锌化合物、亚硒酸钠、硼砂,最后加入剩余的水至全量,搅匀,过滤,包装即得成品。

【产品应用】　本品能够增强皮肤自身的生理功能,改善皮肤的通透性、吸收性使肌肤嫩滑细腻,维持皮肤的光泽和光润性,抑制粉刺的生长;还能够治疗疤疹,加快伤口愈合,抑制色素沉积,消除老年斑,延缓皮肤的衰老。

【产品特性】　本品制备工艺简单,采用中西药结合,集美容与治疗保健功能于一体,有效成分易于被皮肤吸收,使用效果显著;本品为纯天然制品,长期使用无任何毒副作用和刺激性,安全可靠。

实例11 美容膏

【原料配比】

原 料	配比(质量份)
珍珠	20
银珠	2
冰片	15
雪花膏基质	4000
杏仁蜜基质	500

【制备方法】

(1)把珍珠、银珠、冰片研制成散剂,过600目铜筛,再将雪花膏基质和杏仁蜜基质与备好的中药粉调和在一起,用搅拌机搅拌均匀,成为膏体。

(2)将步骤(1)所得膏体放在容器里封闭,置于冰柜中加以冷冻,至膏体冻成实体后,再冻3~4d取出,将冷冻膏体放在常温下软化后成蜂窝软膏状。

(3)将步骤(2)所得膏体重新上搅拌机加以高速搅拌,搅拌后蜂窝状消失,光泽明亮,成为粉白色膏体,即得成品。

【产品应用】 本品能够恢复皮肤弹性、减少皱纹、促进皮肤深度呼吸,增强表层代谢能力,从根本上恢复原有光泽,保湿增白。男女老少皆可使用,特别适用于皮肤衰老的中老年人。

【产品特性】 本品成本低,工艺便于操作;采用纯天然物质为原料,将美容与治疗作用有机结合,效果显著;对皮肤无刺激,无任何毒副作用,使用安全方便。

实例12　美容护肤膏

【原料配比】

原　　料	配比（质量份）			
	1#	2#	3#	4#
硫黄霜	1	58	10	78
粉底霜	78	—	38	—
粉饼	60	—	40	—
具有消炎药性的油膏	5	10	10	20
食用色素	2	2	6	8

【制备方法】

（1）将粉底霜、硫黄霜和粉饼混合搅拌均匀。

（2）将具有消炎药性的油膏与食用色素混合到一起搅拌均匀。

（3）将步骤（2）所得物料与甲硝唑精粉混合搅拌均匀。

（4）将步骤（3）所得物料与步骤（1）所得物料混合，搅拌均匀，即得成品。

【注意事项】　食用色素可以是橙黄，具有消炎药性的油膏可以是痘立消或维肤膏。

【产品应用】　本品主要用于治疗酒糟鼻、痤疮。

【使用方法】　日间用制品一般是早、中、晚三次，重者可适当增加次数。先把脸洗净、擦干，再用手指蘸取少许本品均匀涂抹于鼻头红的部位即可。

【产品特性】　本品配方合理，使美容和治疗有机地结合为一体，从皮肤美容保健方法入手来抑制和治疗酒糟鼻和痤疮症状，简便易行，易于让患者接受和坚持，疗效显著；本品无毒副作用，对人体无不良影响，安全可靠。

实例13　美容护肤品(1)

【原料配比】

原　　料	配比(质量份)		
	1#	2#	3#
茶多酚末	0.5	0.8	1.5
维生素E	0.5	0.7	1
维生素A	0.05	0.07	0.1
维生素C	1	2	3
氢醌	0.02	0.02	0.02
硫酸锌	0.4	0.5	0.6
氧化锌	8	10	12
凡士林油	88.05	83.73	78.8

【制备方法】　将茶多酚末、维生素E、维生素A、维生素C、氢醌、硫酸锌和氧化锌加入凡士林油中,混合搅拌即得成品。

【注意事项】　原料中的茶多酚、维生素E具有抗衰老作用;维生素A为脂溶性物质,能有效防止皮肤干燥;氢醌为脱色剂,能减轻色素沉着;硫酸锌为收敛剂,能减少皮肤皱纹的形成,与维生素A配伍可减少粉刺生成;氧化锌为保护剂、遮光剂,能防止外来刺激;基质可以采用易被皮肤吸收的凡士林油或脂类霜类基质。

【产品应用】　本品可用于美容护肤,减退皱纹及色斑,延缓衰老。

【产品特性】　本品原料易得,工艺流程简单,使用效果好,对人体无不良影响。

实例14　美容护肤品(2)

【原料配比】

配方1　美容泥

原　　料	配比(质量份)				
	1#	2#	3#	4#	5#
死海海盐	17	40	20	30	15

原　料	配比（质量份）				
	1#	2#	3#	4#	5#
死海海泥浆	35	55	40	45	38
人参	5	10	5	5	8
水解胶原蛋白	4	5	5	5	3
蜂胶	3	—	—	—	1
竹炭	—	—	7	—	2
海蛇胆汁	—	—	1	2	2
大豆异黄酮	—	—	3	—	5
白术	8	—	—	8	4
白芨	5	—	—	5	7
茯苓	10	—	—	10	—
木瓜蛋白酶	5	—	—	—	5

【制备方法】

（1）取海盐、人参和白术、白芨、茯苓分别经超微粉碎机粉碎过300目筛，得细粉。

（2）将上述细粉置入混合机中混合搅拌20min。

（3）将混匀的粉末置于烘盘中，放入90～110℃的烘房中加热消毒2h。

（4）消毒之后，将其余原料加入，并在混合机中搅拌25min，混合均匀后得到产品。

配方2　美容盐

原　料	配比（质量份）			
	1#	2#	3#	4#
死海海盐	65	40	50	35

原　　料	配比（质量份）			
	1#	2#	3#	4#
绿茶	20	17	25	15
水解胶原蛋白	5	4	5	3
薄荷油	3	2	3	2
蜂胶	3	—	3	1
竹炭	—	—	7	—
海蛇胆汁	—	—	3	1
大豆异黄酮	—	—	5	5
人参	5	10	—	1
珍珠粉	—	3	—	5
褪黑素	—	3	—	—

【制备方法】

（1）将挑选好的绿茶、人参和海盐分别经超微粉碎机粉碎过250目筛,得细粉。

（2）将上述细粉置入混合机中混合搅拌25min。

（3）将混匀的粉末置于烘盘中,放入90～110℃的烘房中加热消毒2h。

（4）消毒之后,将其余原料加入,并在混合机中搅拌25min,混合均匀后得到产品。

【产品应用】　本品能深层清洁、去除死皮,使皮肤更易于吸收营养成分,提高美容效果。

美容泥的使用方法:洗净脸部,取美容泥涂布于脸部,厚薄均匀,除眼部、口唇部留空外,其余部位涂布到位,保留30～45min,用清水洗净,每周1～2次。

美容盐的使用方法:用清水润湿脸部,取一勺美容盐置于手心中,滴入适量清水,拌成糊状,然后用双手在脸部轻轻揉擦 1～2min,再用清水洗净,每日早晚各一次。

【产品特性】 本品工艺便于操作,价格适中,使用方便,无毒副作用,对人体及皮肤无不良影响,安全可靠。

实例15　美容护肤霜
【原料配比】

原　　料	配比(质量份)		
	1#	2#	3#
人参	25	30	15
珍珠粉	40	60	30
西洋参	60	35	30
太子参	30	60	40
白芨	60	30	40
莲米	80	60	50
红花	15	20	25
丹参	35	45	30
天冬	20	45	25
百合	35	30	60
密蒙花	35	30	60
甘松	15	12	10
益智仁	30	15	20
当归	40	20	25
黄芪	25	20	40
玉竹	35	30	60
白牵牛	30	25	15
白微	20	50	25

原　料	配比（质量份）		
	1#	2#	3#
白蔹	50	20	25
冬虫夏草	10	5	8
青木香	45	25	30
白僵蚕	25	50	27
益母草	60	30	35
菟丝子	25	20	40
滑石粉	50	40	30
三七	10	25	15
紫河车	40	30	60
白芷	5	15	10
茯苓	35	60	30
莪术	10	25	15
白芍	45	20	25
山药	25	15	20
麦冬	35	30	60
菊花	30	60	35
沙参	30	40	60
木瓜	10	30	15
天麻	30	43	60
轻粉	1mg/kg	1mg/kg	1mg/kg
甘油	700~800	700~800	700~800
香精	15~20	15~20	15~20
芝麻油	适量	适量	适量

【制备方法】 将中药材除去尘土和杂质后在 30～40℃下烘干脱水、粉碎细磨,然后在所得中药组和物粉剂中添加甘油、轻粉、香精,在搅拌机中搅拌混合均匀,同时加适量芝麻油调整其稀稠度,以达到霜剂型的要求,即得成品。

【产品应用】 本品能够滋润肌肤、祛除斑纹,使肌肤白嫩细腻、富有光泽。

【使用方法】 每日早晚各一次,也可每日早、中、晚各一次,用手指蘸取适量美容护肤霜揉擦面部和其他部位肌肤即可。

【产品特性】 本品配方合理,性质稳定,以中药组合物为主导,标本兼顾,使用效果显著;无刺激性,无毒副作用,长期使用安全可靠。

实例16 美容养颜霜

【原料配比】

原　料	配比(质量份)	
	1#	2#
α-甘露聚糖肽	200	200
珍珠粉	300	130
透明质酸钠	200	135
茶多酚	—	100
五味子	30	20
当归	30	10
冬虫夏草	30	10
绿茶	25	25
银杏	40	30
丹参	20	20
厚朴	20	20
大枣	35	35
太子参	30	30

原　料	配比（质量份）	
	1#	2#
酸枣仁	20	20
地黄	20	20
柴胡	—	35
黄芩	—	20
川芎	—	30
人参	—	20
灵芝	—	25
三七	—	25
万年青	—	40

【制备方法】 将以上中药浓煎两次,合并药汁,过滤后与 α - 甘露聚糖肽、珍珠粉、茶多酚、透明质酸钠混匀,加入适当辅料,搅拌均匀使之成为 O/W 型霜剂,质检合格后分装即为成品。

【产品应用】 本品能够营养增白皮肤、滋润保湿、祛除色斑、减少皱纹、延缓衰老。

【产品特性】 本品工艺便于操作,配方科学合理,性能优越,美容效果显著;对皮肤无刺激,无毒副作用,安全可靠。

实例17　美容青春霜

【原料配比】

原　料	配比（质量份）		
	1#	2#	3#
田竹草	5	10	8
酒精	5	10	8

续表

原　　　料	配比（质量份）		
	1#	2#	3#
甘油①	2	5	3
甘油②	3	10	7
维生素C	2	5	3
单硬脂酸甘油酯	1	3	2
硬脂酸	1	3	2
凡士林	1	3	2
珍珠粉	4	10	7
乳化剂吐温 -60	0.2	0.5	0.3
防腐剂、香精	适量	适量	适量
蒸馏水	100	150	130

【制备方法】

（1）将田竹草粉碎，用酒精浸泡 4～6h，待萃取出其中的有效成分后分离，弃渣，得到酒精萃取液（Ⅰ）备用。

（2）将维生素 C 投入甘油①内溶解，得到溶解液（Ⅱ）备用。

（3）将单硬脂酸甘油酯、硬脂酸、凡士林用 80～85℃ 的水浴加热熔化，然后在搅拌的条件下缓缓投入珍珠粉、甘油②、萃取液（Ⅰ）、溶解液（Ⅱ）以及乳化剂和防腐剂、香精，最后加入蒸馏水调制成膏，即得成品。

【产品应用】　本品主要用于治疗痤疮，能够消除痤疮遗留的沉积色素。

【产品特性】　本品工艺简单，配方合理，作用迅速，疗效显著，无毒副作用，对人体无不良影响，安全可靠。

实例18 美容化妆品

【原料配比】

原料		配比（质量份）			
		1#	2#	3#	4#
油脂类	甘油	5	5	5	—
	白油	—	—	15	—
	石蜡	—	4	—	4
	凡士林	—	—	—	10
脂肪酸酯	甘油三硬脂酸酯	15	8	—	—
	甘油单硬脂酸酯	12	6	—	12
	曲酸单硬脂酸酯	—	—	2	—
	羊毛酯	—	—	2	5
硬脂酸		—	—	10	—
维生素C		1	—	—	—
珍珠水解液		5			
有机溶剂	十六醇	4	4	—	—
	丙二醇	—	—	—	4
聚乙二醇200		—	—	—	30
香精		—	适量	—	—
芦荟提取液		—	—	适量	—
无水亚硫酸钠		—	—	1	—
十二烷硫酸钠		—	—	0.1	—
精制水		适量	适量	适量	适量
水蛭提取物		20	8	0.1	12

【制备方法】 先将油脂类、脂肪酸酯、硬脂酸、聚乙二酯200、无水亚硫酸钠、十二烷基硫酸钠、有机溶剂和适量的精制水混合，加热至60～90℃，使其溶合，直至呈现出柔和的膏体，冷却至50℃时边搅拌边

加入其他营养成分,待其冷却至室温时再加入水蛭提取物和适量香精,充分搅拌使之完全均匀即得成品。

【注意事项】 油脂是指无毒无害的矿物油、动物油、植物油,具体可以是甘油、橄榄油、白油、凡士林、石蜡油、月桂油、杏仁油等及其混合物。

脂肪酸酯可以是甘油三硬脂酸酯、甘油单硬脂酸酯、曲酸单硬脂酸酯、羊毛脂等,可以选用单组分或混合物。

有机溶剂可以是乙醇、十六醇、十八醇、丙二醇等。

香料可以是医药或食品中常用的植物香料或动物香料、混合香料。

其他营养素包括维生素类、珍珠水解液、氨基酸、多肽类物质、牛奶、蛋白、乳酸、各种微量元素。

【产品应用】 本品具有活血化瘀、调节人体新陈代谢、消炎、消肿、杀菌的功能,可用于祛除色斑、减少皱纹、滋润美白皮肤、增加皮肤弹性及治疗痤疮。适合于任何年龄的人群使用。

【产品特性】 本品配方独特,加工精细,适用范围广泛,美容效果好,无任何毒副作用及不良反应,使用安全。

实例19 美容露
【原料配比】

原　料	配比(质量份)			
	1#	2#	3#	4#
人参	56	53	56.19	57
灵芝	0.4	0.55	0.45	0.4
黄芪	0.6	0.7	0.56	0.5
天麻	0.2	0.2	0.22	0.25
杜仲	0.5	0.7	0.56	0.6
牛膝	0.2	0.2	0.22	0.2
枸杞	0.5	0.55	0.45	0.5

续表

原　　料	配比（质量份）			
	1#	2#	3#	4#
当归	0.3	0.4	0.34	0.38
红花	0.1	0.15	0.11	0.09
柑皮	1	1.3	1.1	1.2
大枣	1	1.3	1.1	1.2
生姜	11	12	11.2	11
蜂蜜	1	1.2	1.1	0.9
香精	0.1	0.15	0.11	0.15
低度白酒	25.55	26	24.85	24.7
糖化酶	1.2	1.1	0.99	0.8

【制备方法】

（1）将人参、灵芝、黄芪、天麻、杜仲、牛夕、枸杞、当归、红花、柑皮、大枣、生姜去掉杂质，清洗干净，晒干，粉碎后混合均匀，放入低度白酒中浸泡 60～90d。

（2）将糖化酶加入步骤（1）所得浸泡液中，进行水解离子化稀释，然后用纱布过滤，去掉残渣，装入玻璃瓶中沉淀 10～20d。

（3）将步骤（2）所得物料去掉沉淀物，再经真空浓缩处理后，加入蜂蜜和香精，搅拌均匀，检验、装瓶、封口、装箱，即得成品。

【产品应用】　本品适用于各个年龄层人群，老少皆宜。长期使用，可减少皮肤的血丝、雀斑，红润光泽。

【使用方法】　将本品倒入手心少许，均匀涂擦在脸、耳、颈项、手背等外露部位，用手擦拭数次，很快被皮肤吸收。对病灶部位可以多擦几次，效果更佳。对于各种癫风、高血压患者忌用。

【产品特性】　本品工艺简单，配方合理，使用方便，效果显著；采用纯天然物质为原料，无毒副作用，对皮肤无刺激，安全可靠。

实例20　美容嫩肤液

【原料配比】

原　　料	配比（质量份）		
	1#	2#	3#
水溶性珍珠蛋白液	50	60	70
水溶性芦荟提取液	25	20	15
维生素	10	8	6
蒸馏水	15	12	9

【制备方法】　将水溶性珍珠蛋白液、水溶性芦荟提取液、维生素和蒸馏水混合后摇匀,充分搅拌后调节该溶液的酸碱度,然后分装入瓶,再放入灭菌高压锅,在120℃灭菌15~25min,即得成品。

【注意事项】　本品中各组分的配比范围可根据使用对象进行调整,如水溶性珍珠蛋白液含量高是针对皮肤表面洁净度较好,无炎症或少炎症感染人群;水溶性芦荟提取液含量高是针对皮肤有炎症性感染如青春痘、疮疖肿痛及螨虫、蚧虫感染引起的皮肤炎症;水溶性珍珠蛋白液、水溶性芦荟提取液含量适中的产品适用于普通人群。

【产品应用】　本品能够较快地清洁皮肤,迅速提高和恢复皮肤弹性,抑制皮肤脂褐素增长,使皮肤嫩滑白皙,还可清除癣疮。

【产品特性】　本品原料均来自天然,配方合理,综合功效高;与皮肤有较强的亲和力,营养成分易于吸收,使用效果显著;稳定性好,可自然放置两年以上,无刺激性,对人体无不良影响,安全可靠。

实例21　美容养颜乳液

【原料配比】

原　　料	配比（质量份）		
	1#	2#	3#
白僵蚕	5	3.5	5

续表

原　　料	配比（质量份）		
	1#	2#	3#
山奈	2	2	2
生石膏	4	4	8
珍珠粉	6	6	7
滑石	8	8	7
公丁香	2	3	1
冰片	5	3	4
硼砂	7	8	8
白茯苓	6	6	6
婴儿肥皂	48	48	48

【制备方法】

(1)将除婴儿肥皂之外的中药原料研成粉末,并用200目药筛筛过,备用。

(2)将婴儿肥皂研细,用水浸软,再放入锅中,用文火炼成细软膏液状。

(3)将细中药粉末(1)放入锅内与肥皂液搅拌,此时必用文火慢慢炼,并用干净的勺子不断搅拌,将药物炼成乳液状(或软膏状、固体状),再用分类专用容器装好,即得成品。

【产品应用】　本品具有清热解毒、祛湿浊、通经活络、温养气血、消炎镇痛的功效,对黄褐斑、雀斑、粉刺等皮肤病有治疗作用。

每次使用本品之前先用温水将使用部位洗净,再将少许本品涂敷于该部位,稍停1~3min,洗掉即可,每日1~2次。

【产品特性】　本品工艺便于操作,配方合理,疗效显著;无毒副作用,无刺激性及不良反应,安全可靠。

实例22 纳米美容护肤液

【原料配比】

原料		配比（质量份）	
		1#	2#
水溶性原料	丙二醇	50	60
	纯净水	600	600
	维生素C	0.5	0.5
醇溶性原料及药物	血竭	1.5	—
	没药	1.5	3
	乳香	1.5	3
	蜂胶	—	3
	无水乙醇	—	40
	维生素A	0.5	0.5
	维生素E	1	1
中药	三七	2	3
	西洋参	2	—
	苏木	2	2
	丹参	—	3
	黄芪	—	3
	桑枝	—	3
	佩兰	—	3
	川芎	—	1.5
	合欢皮	—	1.5
	薄荷	—	1.5
	藿香	—	0.5
	丁香	—	0.5
十二烷基硫酸钠		0.3	0.45
十二醇		0.3	0.45

【制备方法】

（1）将中药先经粉碎、磨细,加入无水乙醇浸泡 3~5d,为加速溶出,可加超声振动,过滤取滤液;滤渣加水,经煎煮后取滤液,将滤液稀释,再加入丙二醇、维生素,制成中药醇提取液。

（2）将醇溶性原料及药物加入到中药醇提取液中,搅拌溶解,为加快溶解可加超声振动,待完全溶解后,再加入十二烷基硫酸钠(表面活性剂)和十二醇(助表面活性剂),制成混合醇溶液。

（3）在搅拌与超声振动共同作用下,将混合醇溶液缓慢滴加到水溶液中,滴加速度为每秒 1~2 滴,滴加完毕后并经一定时间存放后,即形成纳米美容护肤液,其平均颗粒径为 69.2nm。

【产品应用】 本品具有保湿、杀菌、抗氧化功能,可用于清洁皮肤、去除死皮、延缓衰老,对某些皮肤病,如痤疮、湿疹、色斑等有治疗作用。

【产品特性】 本品工艺便于操作,设备无特殊要求,能耗低,对环境无污染;配方合理,与皮肤亲和性好,易于吸收,无毒副作用,使用安全,效果显著。

实例23 天然美容护肤粉

【原料配比】

原　　料	配比（质量份）		
	1#	2#	3#
桃花	18	15	20
荷花	6	4	8
月季花	3	2	5
菊花	4	2	6
金银花	7	5	10
绿豆	35	30	40
杨梅	8	5	10

续表

原 料	配比（质量份）		
	1#	2#	3#
紫草	2	2	4
紫背浮萍	35	30	40
滑石粉	12	10	15

【制备方法】

（1）将桃花、荷花、月季花、菊花、金银花、紫草和紫背浮萍分别粉碎后过 60 目筛，将绿豆去皮后粉碎过 80 目筛。

（2）将紫草和植物油在热锅中炒 20～40min，再加入紫背浮萍和植物油继续炒 8～15min，得粉备用。

（3）将去核杨梅置于不含重金属的锅中炒至刚开始炭化，加入 8～10 倍水煮沸 1.5～2.5h 后过滤，弃去残渣，将滤液浓缩至 1/4 体积后，加入各种花粉及滑石粉，搅拌下微火加热，不断挥去水分，当含水量低于 30% 时，停止加热，将物料转移至烘箱中于 80～100℃ 的温度条件下烘 1.5～2h，得粉备用。

（4）将白芷粉与步骤（3）所得粉料加入球磨机混合后，再将绿豆粉和步骤（2）所得粉料的混合物加入球磨机中磨 2.5～3.5h，取出过 150 目筛后分装，灭菌即得成品。

【产品应用】 本品能够滋养肌肤，促进皮肤新陈代谢，使皮肤洁白细腻，光滑滋润，对面部斑纹及青春痘有较好的疗效。

【使用方法】 先将面部皮肤用清水洗净，将约 3g 粉剂用少许温水调成糊状，均匀擦于面部，用双手由里向外反复按摩 2min 左右；10min 以后用清水洗净即可。

【产品特性】 本品采用全天然原料，美容效果显著持久，无任何毒副作用，对皮肤无刺激，安全可靠。

实例24 天然美容护肤品

【原料配比】

原料	配比（质量份）	
	1#	2#
白茯苓	2	2
半夏	2	2
当归	3	3
川芎	1	1
细辛	1	1
木兰皮	2	2
白丁香	2	2
麝香	2	2
甘草	1	1
白鲜皮	2	2
白僵蚕	1	1
去核白梅	2	2
藿香	2	2
海藻	5	5
白羊脂	10	—
白鹅脂	6	—
牛髓脂	6	—
酒曲	6	6

【制备方法】 将草药研成细末后捶成饼,然后加酒曲经发酵成熟后,加油脂及香料制成膏或汁,或加蛋清、牛奶和面制成面膜,即得成品。

【产品应用】 本品可用于改善气色、美白皮肤,同时还具有较好的活血化瘀、祛湿、祛污的作用。

【产品特性】 本品工艺简单,配方合理,以天然植物中草药作为原料,不添加任何化学制剂,无任何毒副作用,对皮肤无刺激性,使用安全,效果显著。

实例25 天然丝瓜水美容液

【原料配比】

原　　料	配比(质量份)		
	1#	2#	3#
丝瓜水	50	78	85
医用酒精	4	8	5
甘油	6	10	12
金银花	0.5	0.7	0.9
蛇胆汁	0.015	0.02	0.03
麝香	0.02	0.04	0.03
硼酸	0.8	1.5	1

【制备方法】 将以上各组分混合,密封浸泡90~180d,过滤即得成品。

【注意事项】 丝瓜水具有清热解毒的功效;医用酒精的作用是对皮肤进行杀菌消毒;甘油的作用是防止皮肤皲裂;蛇胆汁具有消炎解毒的作用;麝香具有营养皮肤的作用;硼酸具有消除老皮及保养皮肤的作用。

【产品应用】 本品可用于美容养颜。使用7~10d可除去原有的老化皮肤和斑点,一个月内皮肤自然增白、变嫩,长期使用可以有效地保持皮肤弹性,并能消除皱纹。本品不但适合年轻人使用,对老年人也有明显效果。

【产品特性】 本品为全天然制品,未经煎煮等工艺,有效成分含量高,美容效果显著,无任何毒副作用,对皮肤无刺激,使用安全方便;稳定性好,保质期长。

实例26 天然植物香身美容散

【原料配比】

原　　料	配比（质量份）
川芎	1.8
细辛	0.9
藁本	1.8
藿香	1.8
冬瓜子	3.0
沉香	0.6
土瓜根	1.2
广茯苓	0.9
白茯苓	0.6
白檀	1.2
甘松	1.8
青木香	1.8
白芨	1.8
白术	0.6
楮桃	2.5
皂角末	10
冰片	0.1
糯米粉	7.5
丝瓜络	0.6
枸杞	1.0
龙眼肉	1.0
麦门冬	1.5
莱菔根	5
豌豆	5

原　　料	配比（质量份）
橘络	0.6
白芨	1.8
天花粉	0.9
防风	0.5
川茯苓	1.8
三奈	0.4
茅香	1.8
零陵香	1.5
鸡舌香	1.8
丁香	1.8
泽泻	0.6
菌桂	0.8
女萎	0.6
辛夷	0.6
笃耨香	1.8
蔓荆子	0.9
落葵	1.1
黑豆	5.0
绿豆	5.0
马齿苋	1.0
杜蘅	2.3
杏仁	1.8
玉竹	1.8
商陆	0.9

原　　料	配比（质量份）
香草	0.6
松树白皮	1.8
荜澄茄	0.7
当归	1.2
苜蓿香	1.0

【制备方法】　将天然植物去除霉变、受潮、虫蛀等不合理部分,然后将以上原料(除冰片外)分类分级粉碎,使其粒度小于 200 目,再加入冰片,进行彻底混合,用过滤纸按 1～20g 分几个规格包装即可。

【产品应用】　本品具有温经散寒,疏通经络,调和气血,消瘀止痛,美容养颜,祛斑增白,提神醒脑,香身润肤等功效。

在洗面、沐浴时,将本品放入水中,1～2min 后,即可使用。

【产品特性】　本品成本低,生产及使用对环境均无污染;配方合理,采用天然植物,通过物理方法加工而成,将医药与洗浴相结合,集香身、美容、健身功能于一体,通过体表皮肤、黏膜吸收发挥作用,避免药物对胃肠及肝脏的影响,对人体无任何毒副作用,使用安全,效果显著。

实例27　植物精华美容粉

【原料配比】

原　　料	配比（质量份）
乌梅	5
莲子芯	4
白芨	4
黄芪	4
黄精	3

续表

原　　料	配比（质量份）
白蒺藜	3
山药	4
橘皮	4
金银花	4
黄柏	2
地肤子	4
黄连	2
枸杞	3
五味子	4
月季花	2
栀子	4
槐米	4
黄豆粉	5
白茯苓	4
杏仁	4
淫羊藿	3
天冬	4
白术	4
荷花	4
白蔹	3
益母草	5

【制备方法】 将以上各原料经炮制后烘干,进行粗粉碎,然后将配料搅拌混合,进行第二次粉碎即微粉碎,将粉碎成粉状的配料烘干、包装,再将包装品辐照灭菌,即为成品。

【产品应用】　本品可用于平复皱纹、祛除色斑及粉刺、增白皮肤，使皮肤细嫩、滑爽、富有光泽。

【使用方法】　先用温水洗净脸部和手部,将本美容粉加入少许水调和成稀糊状,均匀涂擦于脸部和手部,停留5min后再用洁净的温水洗净即可。

【产品特性】　本品配方合理,能够通血脉、通毛窍,营养物质易于被人体吸收,使用效果显著;无毒副作用,无任何全身及局部不良反应,安全可靠。

实例28　植物精华美容液

【原料配比】

原　　料	配比（质量份）
白芨	20
白术	20
冬瓜子	20
白果	20
蒸馏水	20

【制备方法】　将以上原料经炮制后进行密封浸泡,通过粗滤和精滤后进行配制,然后高温消毒,包装后即为成品。

【产品应用】　本品可用于平复皱纹、祛除色斑及粉刺、增白皮肤,使皮肤细嫩、滑爽、有光泽。

【使用方法】　将本美容液均匀涂擦于脸部及手部,停留5min后,用洁净的温水洗净即可。

【产品特性】　本品由纯天然中草药组成,配方合理,能够通血脉、通毛窍,营养物质易于被皮肤吸收,使用方便,效果显著;无毒副作用,无任何全身及局部不良反应,安全可靠。

实例29 中药美容化妆品

【原料配比】

原　　料	配比（质量份）		
	1#	2#	3#
人参（或党参）	10	30	20
当归	10	30	10
沙参	10	30	30
独活	30	60	50
白僵蚕	10	60	30
薏仁	10	30	30
白芷	10	30	20
绿豆	10	30	10
浮萍	30	80	40
黄芪	10	30	20
郁李仁	30	100	80
防风	20	80	50
川芎	10	30	20
百合	10	30	10
白酒	440	1360	1000
蜂蜜	220	680	500
阿胶	55	170	100

　　【制备方法】 将人参或党参、当归、沙参、独活、白僵蚕、薏仁、白芷、绿豆、黄芪、郁李仁、防风、川芎、百合加入白酒，浸泡15d以上，滤出药材、晒干、粉碎，再与滤液、蜂蜜混和，放置7d以上，再将阿胶炖化，加入上述混合膏中，搅合，即得成品。

　　【产品应用】 本品具有润肤、祛皱、消斑、增白、消粉刺的作用，用作面膜、洗面奶、磨砂膏、去死皮膏、晚霜均可。

【产品特性】　本品配方合理,集多种功能于一体,使用方便,效果显著;不含化学添加剂,对皮肤无刺激,对人体无不良影响。

实例30　中药美容液

【原料配比】

原　　料	配比(质量份)	
	1#(营养型)	2#(消痤型)
蒸馏水与医用酒精溶液	100	100
人参(或党参)	3	4
丹参	4	5
乳香	3	4
黄连	—	2
黄芩	—	2
当归	—	3
苦参	—	3
杏仁	—	2
冬瓜子	2	—
益母草	2	—
桔梗	3	—
香精	2	2.5
医用甘油	25	20

【制备方法】

(1)在蒸馏水与医用酒精溶液中放入人参或党参、丹参、乳香、黄连、黄芩、杏仁、冬瓜子、益母草、桔梗、苦参、当归进行第一次浸提,浸提时间为10~18d,浸提完成后过滤弃渣。

(2)将香精放入经过滤后的溶液中进行第二次浸提,浸提时间为

6～10d,将第二次浸提后的溶液过滤。

(3)将医用甘油放入步骤(2)过滤后所得溶液中,即得成品。

【产品应用】 本品具有增进皮肤营养、护养肌肤的作用,能够有效防止色素沉着、祛除黄褐斑、抗皱、延缓衰老。

【产品特性】 本品成本低,投资小,工艺简单;使用效果显著持久,无刺激性,无过敏反应,安全可靠。

实例31 养颜美容护肤霜
【原料配比】

原　　料	配比（质量份）		
	1#	2#	3#
灵芝	15	20	25
蚂蚁粉	10	20	30
人参	5	7.5	10
珍珠粉	2	3.5	5
液态凡士林	50	55	60
蜂蜜	4	6	8
硬脂酸	3	5	7
香精	适量	适量	适量
植物抗氧剂	适量	适量	适量
植物防腐剂	适量	适量	适量

【制备方法】

(1)将灵芝、蚂蚁粉、人参、珍珠粉混合粉碎过 10～12 目筛,按1:10加入清水,煮沸后,文火保持 4～6h,然后用双层纱布过滤,即得滤液 A。

(2)将蜂蜜按1:1加水稀释,水温 40～50℃,静置 30min,用双层纱布过滤,得滤液 B。

(3)将液态凡士林、硬脂酸加水溶解,加水比例为1:4,加热至90～95℃,经灭菌处理后,冷却至80℃,得滤液C。

(4)将滤液A、B、C充分混合,搅拌均匀后,加热至85～90℃,之后,降温至51～52℃,依次加入香精、植物抗氧剂、植物防腐剂,搅拌均匀后,在无菌条件下分装即可。

【产品应用】 本品具有调节皮肤组织细胞的新陈代谢,清除有害物质的作用,能够滋润皮肤、消除皱纹、消褪色斑、防止干裂、净化和增白面部、延缓衰老,预防和治疗各种皮肤炎症、溃疡及过敏。

【产品特性】 本品采用纯天然原料,通过高新技术合理配制,美容保健效果显著,无毒副作用,对人体无不良影响,使用安全。

实例32 微生态制剂美容霜

【原料配比】

原　　料		配比(质量份)
油相	$C_{16}\sim C_{18}$醇	50
	硬脂醇(一级)	50
	单甘醇	20
	羊毛脂	10
	山核桃油	40
	102润滑油	10
	乳化剂烷基磷酸酯钾盐	16
	甘油(97%)	70
	山梨醇(70%)	50
	马脂	50
	防腐剂尼泊金乙酯	1.5
水相	微生态制剂	20
	蛇胆、蛇蜕浸液(20%)	20

原　　料		配比（质量份）
水相	油醇 E_{0-10}	10
	甘草酸制剂	20
	卜罗波尔	0.5
	玉兰油	3
	麦饭石水浸液	559

【制备方法】

（1）将油相原料和水相原料分别搅拌加热至 90～95℃。

（2）将水相原料抽入搅拌中的油相原料中，使其充分乳化，待乳化温度降至 70～80℃时进行均质，均质后再边降温边搅拌，在 55～56℃时加入香料，继续搅拌至均匀即得成品。

【注意事项】　本品由油相和水相组成。油相原料包括不饱和醇、植物油类、乳化剂、其他基质材料，水相原料包括中草药制剂、乳化剂、香料、防腐剂。

水相原料中，微生态制剂的质量份配比范围是 3～5；蛇胆、蛇蜕酒精浸液的配比范围是 3～5（蛇胆、蛇蜕：酒精为 1:4）。

微生态制剂由人体有益菌的菌体或菌体与菌体发酵物制成。人体有益菌制剂可以是双歧杆菌的菌体或者菌体与菌体的液体发酵物制剂，或者菌体与菌体液体发酵物混合制剂，还可以是表皮葡萄球菌、疮疱丙酸杆菌的菌体或者菌体与菌体的液体发酵物混合制剂。菌体制剂可以是固体培养的菌苔制剂或者是液体培养离心过滤所得的菌泥、菌粉制剂；菌体与菌体发酵物制剂可以是液体培养的菌泥、菌粉稀释或混合于液体培养基发酵液的离心过滤后的上清液中所获得的制剂。

水相原料溶剂可以采用麦饭石水浸液，是采用纯水浸泡麦饭石24～48h 过滤后制取。

蛇胆浸液需进行活性炭脱色处理。蛇胆、蛇蜕具有清热解毒、消炎抗肿的功效,含有丰富的微量元素锌等,可促进皮肤免疫功能和提高皮肤抗感染能力,能清除皮肤色素沉着。

【产品应用】　本品能够调节改善人体皮肤微生态平衡,抑制有害微生物,清除自由基,增加皮肤生理代谢,延缓细胞老化。使皮肤红润、白嫩、富有自然光泽的同时可杀灭和抑制蠕形螨,医治因蠕形螨而引起的痤疮、酒糟鼻、皮肤粗糙等疾病。

本品适用于各类人群,且不受气候影响,一年四季均可使用。

【产品特性】　本品含有多种氨基酸、维生素和微量元素,采用微生态学的原理,兼有美容、营养和医疗作用,使用效果显著;不含对人体有害的化学制剂,对皮肤无刺激,安全可靠。

第二章　润肤化妆品

实例1　参鹿维肤营养霜

【原料配比】

原　　料	配比（质量份）	
	1#	2#
人参精液	0.1	0.1
白芷提取物	15	15
茯苓提取物	5	5
桃仁提取物	1	1
菊花提取物	1	1
飞珍珠末	0.2	0.2
硼砂	0.5	0.5
蜂蜡	10	10
保湿剂甘油	15	15
乳化剂硬脂酸	3	3
胶黏剂羟甲基纤维素	3	3
香精	0.3	0.3
飞朱砂末	—	0.5
蒸馏水	加至100	加至100

【制备方法】

（1）按上述比例取白芷、茯苓、桃仁、菊花洗净晒干，粉碎过80目筛，加水煮制、浓缩，按1:1制得提取物。

（2）将人参精液、白芷提取物、茯苓提取物、菊花提取物、桃仁提取物、飞珍珠末、保湿剂、胶黏剂、蒸馏水混合搅拌，制成混合液Ⅰ。

（3）将乳化剂,蜂蜡,0.5 份硼砂放入容器中,水浴加热至 80℃,使其互溶后搅拌,制成混合液Ⅱ。

（4）将 80℃ 的混合液Ⅱ充分搅拌后慢慢加入制成混合液Ⅰ,一边加入,一边搅拌,当温度降至 40℃ 时,加入香精,搅拌成为霜状物为止,即得成品。

【产品应用】　本品主要是一种以中药为主的维护和滋养皮肤的保健品,具体为霜剂外用剂。适应各类人群,特别适合青少年,不但可以护肤美容,还能通过皮肤的吸收,对人体起到养阴滋补,安神益精的作用。

【产品特性】

本产品通过中药的天然药理作用,促进皮肤表皮细胞功能,被动运转——扩散和运动转移;使中药中的药物分子进入细胞,细胞内的废物排出,从而增强表皮细胞的代谢性、柔嫩性、活性和弹性,起到美容的效果。

实例2　茶油润肤霜

【原料配比】

原　　料	配比（质量份）		
	1#	2#	3#
茶油	5	10	15
单硬脂酸甘油酯	1	2	4
甲基葡萄糖苷倍半硬脂酸酯	0.5	1	1.5
硬脂酸聚氧乙烯酯	1	1.5	2
白油（液体石蜡）	16	15	12
棕榈酸异丙酯	3	4	6
肉豆蔻酸异丙酯	2	3	4
辛酸癸酸油酯	3	2.5	2

原 料		配比（质量份）		
		1#	2#	3#
硬脂酸		2	2	2
十六十八醇		2	1	0.5
聚甲基丙烯酸甘油酯		3	2.5	2
甘油		2	2	2
三乙醇胺		0.3	0.4	0.5
去离子水		58.55	52.45	45.85
防腐剂	尼泊金甲酯	0.2	0.2	0.2
	尼泊金丙酯	0.1	0.1	0.1
双咪唑烷基脲		0.2	0.2	0.2
香精		0.15	0.15	0.15

【制备方法】

（1）油相的制备：将茶油和其他油溶性原料单硬脂酸甘油酯、硬脂酸聚氧乙烯酯、甲基葡萄糖苷倍半硬脂酸酯、白油、棕榈酸异丙酯、肉豆蔻酸异丙酯、辛酸癸酸三甘油酯、硬脂酸、十六十八醇、聚甲基丙烯酸甘油酯混合搅拌加热至 70～75℃，使其充分熔化或溶解待用。

（2）水相的制备：将水溶性原料甘油、三乙醇胺加入去离子水中，搅拌加热至 90～100℃，保持 20min 灭菌，然后冷却至 70～80℃待用。

（3）乳化：将上述油相和水相原料分别过滤后，按先油后水顺序加入乳化锅内，在温度 70～80℃下进行搅拌，待油、水相原料充分混合均匀成乳浊液后，再加入尼泊金酯类、双咪唑烷基脲防腐剂，搅拌均匀，即完成乳化操作。

（4）冷却：将步骤（3）得到的乳化后原料冷却至 50～60℃，加入香精，再搅拌 5min，继续降温到 35～40℃出料。

（5）陈化和灌装：放料至储料容器内，置于储膏间陈化不少于

48h,经检验合格后进行灌装,即得成品。

【产品应用】 本品是一种茶油润肤霜。

【产品特性】 本产品根据茶油对皮肤所具有的润湿、防护、抗老化活性,通过添加乳化剂、防腐剂、增稠剂、香精等成分进行乳化分散,制备出一种茶油润肤霜,可使皮肤滋润、光滑。

实例3 虫草润肤霜

【原料配比】

原　　　　料	配比(质量份)
虫草粉	0.5
聚乙烯醇	10
乙醇	10
丙二醇	2
丙三醇	2
香料	适量
防腐剂	适量
蒸馏水	加至100

【制备方法】

(1)将聚乙烯醇、乙醇、丙二醇、丙三醇和蒸馏水等原料加热至85℃,混合搅拌均匀。

(2)待步骤(1)所得混合物降温至50℃时加入虫草粉,搅拌,降温至40℃时加入香料和防腐剂,继续搅拌,待其冷却至室温即得成品。

【产品应用】 本品主要是一种抗皱增白、延缓衰老的虫草润肤霜,对皮肤具有良好的滋润、嫩白、护肤的效果。

【产品特性】 本产品所述各原料的用量和理化性质产生协调作用,抗皱增白、延缓衰老;其 pH 值与人体皮肤的 pH 值接近,对皮肤无刺激性;使用后明显感觉舒适、柔软,无油腻感,具有明显的滋润、嫩白、护肤的效果。

实例4 茯苓润肤霜
【原料配比】

原　　料	配比（质量份）		
	1#	2#	3#
茯苓提取液	3	6	4
硬脂酸	3	5	4
十六醇	10	20	16
羊毛脂	5	8	6
聚氧乙烯单油酸酯	1	3	2
甘油	10	20	16
对羟基苯甲酸乙酯	1	3	2
椰子油酸二乙醇酰胺	1	3	2
聚乙烯醇	10	16	12
羟甲基纤维素	1	3	2
香精	0.1	0.3	0.2
去离子水	100	120	110

【制备方法】
(1)将硬脂酸、十六醇、聚氧乙烯单油酸酯、羊毛脂及对羟基苯甲酸乙酯混合，搅拌加热至80～100℃，使其熔化待用。
(2)将茯苓提取液、甘油、聚乙烯醇、椰子油酸二乙醇酰胺、羟甲基纤维素及去离子水混合，加热至80～100℃，搅拌分散均匀。
(3)将步骤(2)所制得的溶液，慢慢倒入步骤(1)制得的产物中，边加入边搅拌，使其充分乳化。
(4)待步骤(3)所制得的产物降温至30～40℃，加入香精，搅拌分散均匀后即得成品。
【产品应用】　本品是一种茯苓润肤霜。
【产品特性】　制备工艺简单，成本低廉；使用效果良好，无毒无任何副作用。

实例5　改性珍珠润肤霜

【原料配比】

原　　料		配比（质量份）	
		1#	2#
A相	鲸蜡硬脂醇聚醚-21	0.5	1
	鲸蜡硬脂醇	3	5
	辛酸/癸酸甘油三酯	10	13
	聚二甲基硅氧烷	2	1
	鲸蜡基聚二甲基硅氧烷	1	0.5
	棕榈酸异丙酯	5	8
B相	丁二醇	10	7
	双丙甘醇	5	4
	硬脂酰谷氨酸钠	0.3	1
	助乳化剂	2	5
C相	增稠剂	5	8
	改性珍珠粉	1	1.8
	防腐剂	适量	适量
	香精	适量	适量
	去离子水	余量	余量

【制备方法】

（1）将改性珍珠粉溶于去离子水后加入 B 相，再分别加热 A 和 B（助乳化剂除外）两相至 85～95℃，并维持 20min 灭菌。

（2）当 A、B 两相冷却到 70～80℃时，将 B 相缓缓移入 A 相，不断搅拌、均质，在 5～15min 内依次加完助乳化剂和增稠剂。

（3）继续搅拌并用夹套循环水冷却乳剂至 40～50℃,再逐次加入防腐剂和香精,继续搅拌至室温即成。

【注意事项】　所述增稠剂为甘油聚甲基丙烯酸酯或丙二醇,防腐剂为双(羟甲基)咪唑烷基脲、羟苯甲酯、羟苯丙酯或它们的复合物,助乳化剂为聚丙烯酰胺/C_{13}～C_{14}异链烷烃/月桂醇聚醚 –7,均为市售化妆品原料。

所述改性珍珠粉是纳米级,平均粒径范围为 40～100nm。其制备方法为:

（1）称取纳米珍珠粉,用去离子水配制成质量分数为 10%～30% 悬浮液。

（2）往悬浮液中加入珍珠粉干重 1.5%～2.0% 的钛酸丁酯偶联剂,用磁力搅拌器中档搅拌 10～30min 使其活化。

（3）将活化后的珍珠粉与甲基丙烯酸甲酯的无皂乳液于常温下搅拌混合 5～15min,因聚合反应而使珍珠粉表面形成均匀的聚合物膜,所用甲基丙烯酸甲酯的无皂乳液质量分数为 0.5%。

（4）聚合物在 60～80℃下恒温干燥,再经气流粉碎,即得成品。

【产品应用】　本品是一种改性纳米级珍珠粉的润肤霜,具有保湿、美白、抗皱的功能。

【产品特性】　本产品通过偶联剂钛酸丁酯处理,甲基丙烯酸甲酯的无皂乳液聚合技术使珍珠粉表面由亲水性转变为憎水性,改善了珍珠粉与有机介质的亲和性。按本品制备的改性珍珠润肤霜,解决了珍珠粉分散性差带给体系分布不均及因表面自由能高引起在乳化过程中,对乳化剂破坏而导致产品稳定性差的弊端,具有清洁、保湿、美白、抗皱等多种功能,适合多种类型的皮肤使用。

实例6　橄榄油抗老化润肤霜

【原料配比】

原　　料	配比(质量份)
橄榄油	15
肉豆蔻酸异丙酯	3

原　　料	配比（质量份）
丙二醇	3
甘油	5
羟苯甲酯	0.1
乙醇	7
胰激肽原酶	1.0
水	加至100

【制备方法】 将各种原料混合加热至80℃，充分搅拌使其溶解乳化，冷却至室温即得成品。

【产品应用】 本品是一种具有改善皮肤角质层的抗老化润肤霜，对皮肤具有良好的补水锁水、滋润美容的效果。

【产品特性】 本产品所述各原料的用量和理化性质产生协调作用，改善皮肤角质层、延缓衰老；pH 值与人体皮肤的 pH 值接近，对皮肤无刺激性；使用后明显感到舒适、柔软，无油腻感，对皮肤具有良好的补水锁水、滋润美容的效果。

实例7　干性皮肤使用的润肤霜

【原料配比】

原　　料	配比（质量份）		
	1#	2#	3#
核桃油	5～8	8	7
乳化蜡	8	13	10
氯化钾	6	14	7
辛酸癸酸椰子酯	10	12	11
甲基异噻唑啉酮	0.1	0.3	0.2

续表

原　料	配比(质量份)		
	1#	2#	3#
香料	0.1	0.2	0.15
十六醇	9	13	11
乳酸钠	1	8	5
水	加至100	加至100	加至100

【制备方法】 将各组分原料混合均匀即可。
【产品应用】 本品主要适合干性皮肤。
【产品特性】 本产品可以滋润皮肤,而且不会阻塞毛孔。

实例8　红景天美容润肤霜

【原料配比】

原　料	配比(质量份)
水解蚕丝蛋白	10
十六醇	1
十八醇	2
抗氧剂	0.3
维生素E	适量
维生素C	适量
去离子水	加至100
氢化羊毛脂	2
蓖麻油	2
维生素A	适量
维生素D	适量
杏仁油	1

原　　料	配比（质量份）
硬脂酸	2
单硬脂酸甘油酯	3
红景天	3
当归	0.5
黄芪	0.5
香精	适量

【制备方法】

(1)分别将红景天、当归、黄芪等中药经粉碎、浸泡、过滤、脱色和浓缩处理,备用。

(2)将水解蚕丝蛋白、十六醇、十八醇、抗氧剂、维生素 E、维生素 C、维生素 A、维生素 D、去离子水等水相原料混合加热至90℃,搅拌均匀。

(3)将杏仁油、硬脂酸、单硬脂酸甘油酯、氢化羊毛脂、蓖麻油等油相原料混合加热至85℃,搅拌均匀备用。

(4)将步骤(3)所得物料加入步骤(2)所得物料中,充分搅拌,乳化,乳化温度为75～90℃,当乳化充分后停止加热和保温而继续搅拌,当温度下降至65～75℃时,加入步骤(1)所得的中药配料并进行搅拌,当温度降至50℃时加入香精,当温度降至35～40℃时,灌装即可。

【产品应用】　本品是一种抗皱祛斑、延缓衰老的红景天美容润肤霜,对皮肤具有良好的滋润嫩白、增加皮肤弹性的效果。适用于任何肌肤。

【产品特性】　本产品抗皱祛斑、延缓衰老;对皮肤无刺激性;使用后具有滋润嫩白、增加皮肤弹性的效果。

实例9　虎杖苷美白润肤霜

【原料配比】

原　　料	配比（质量份）
甘油	4
十六醇	4
十八醇	4
单硬脂酸甘油酯	2
白油	14
羊毛脂	0.8
丙二醇	6
脂肪醇聚氧乙烯醚	2.5
虎杖苷	0.3
地榆萃取液	2
香精	适量
防腐剂	适量
精制水	加至100

【制备方法】

（1）将甘油、十六醇、十八醇、单硬脂酸甘油酯、白油、羊毛脂、丙二醇、脂肪醇聚氧乙烯醚和精制水等原料混合加热至85～90℃，混合搅拌均匀，使其充分熔化。

（2）待步骤（1）所得物料温度降至50℃时，加入虎杖苷和地榆萃取液等原料，混合搅拌均匀，待其温度降至45℃时加入香精和防腐剂，继续朝同一方向搅拌，冷却至室温时即得本品。

【产品应用】　本品是一种美白抗氧化、可增强皮肤弹性的虎杖苷美白润肤霜，对皮肤具有良好的淡斑美白、滋润养颜的效果。特别适用于偏混合性的皮肤。

【产品特性】　本产品对皮肤具有明显的淡斑美白、滋润养颜的效果。

实例10 花粉润肤霜

【原料配比】

原　　料		配比(质量份)
花粉		10～12
蜂蜜		10～12
蜂王浆		5～7
茉莉精油		5～7
溶剂		62～70
溶剂	天然果胶	1
	纯净水	1～1.5

【制备方法】

(1)将蜂蜜和蜂王浆加热至80℃,除掉其中的细菌,并冷却至常温。

(2)先将溶剂加热至40℃;再将花粉加入40℃的溶剂中,以搅拌机搅拌3min,使其充分溶解;依次加入净化完毕的蜂王浆和蜂蜜和茉莉精油。

【产品应用】 本品是一种含花粉的润肤霜。

【产品特性】 本品呈可流动胶状,为皮肤提供丰富的营养,使皮肤看上去健康红润。

实例11 活颜紧致润肤霜

【原料配比】

原　　料		配比(质量份)
A相	聚二甲基硅氧烷	2
	三异辛酸甘油酯	0.5

原　　料		配比（质量份）
A相	氢化聚异丁烯	5
	异硬脂醇异硬脂酸酯	2
	季戊四醇四硬脂酸酯	2
	辛酸/癸酸三甘油酯	6
	十六十八醇	2.5
	单硬脂酸甘油酯	2.5
	硬脂酸	1
	聚氧乙烯(40)硬脂酸酯	2.5
B相	茶多酚	0.1
	甘油	5
	丁二醇	2
	SIMULGELINS100	1.5
	甜菜碱	1
	聚氧乙烯(100)硬脂酸酯	2
	聚氧乙烯失水山梨醇单硬脂酸酯	2
	EDTA 二钠	0.05
	水	加至100
C相	聚二甲基硅氧烷及 $C_{16} \sim C_{18}$ 烷基聚二甲基硅氧烷交联聚合物	2
	环五聚二甲基硅氧烷	3
D相	透明质酸钠	0.2
	烟酰胺	0.5
	泛醇	0.2
	维生素 C 乙基醚	0.2

原　　料		配比(质量份)
D 相	谷胱甘肽	0.1
	水	10
E 相	维生素 A 棕榈酸酯	0.2
	维生素 E 醋酸酯	0.2
	PCG	1
	辅酶010复配硫辛酸纳米乳	1.5
F 相	红景天提取物(固体)	0.1
	黄芪提取物(固体)	0.1
	灵芝提取物(固体)	0.1
	人参提取物(固体)	0.1
	当归提取物(固体)	0.1
	水	10

【制备方法】 将 A 相原料置于 75 ~ 80℃ 水浴锅中搅拌 25 ~ 30min,使固状物溶解,得到混合料 A;将 B 相原料置于 75 ~ 80℃ 水浴锅中搅拌 25 ~ 30min,使固状物溶解,得到混合料 B;将 C 相原料加入混合料 A 中,于搅拌下加入混合料 B,在 75 ~ 80℃ 下搅拌 25 ~ 30min,随后开始降温,冷却至 40 ~ 45℃ 时分别依次加入 D 相原料、E 相原料和 F 相原料,搅拌均匀,降温至 30 ~ 35℃ 时停止搅拌,出料,即得成品。

【注意事项】 所述辅酶 Q10 和硫辛酸的总质量浓度为 5%,粒径尺寸在 103nm 左右;

所述 SIMULGELINS100 为丙烯酸羟乙酯/丙烯酰二甲基牛磺酸钠共聚物、异十六烷和聚山梨醇酯 - 60 复配物。

【产品应用】 本品是一种活颜紧致润肤霜,具有保湿、抗皱、紧致以及抗氧化作用的活颜紧致润肤霜。

【产品特性】 本产品外观色泽悦目、均匀一致、气味纯正。添加的抗氧化剂、天然保湿剂、维生素类在配方中不仅配伍良好,而且具有较强的协同增效作用,制得的润肤霜具有抗氧化、保湿、紧致、淡化色斑、滋润皮肤等多重功效。持续使用该润肤霜,可淡化斑纹肤色均匀,肤质柔软平滑。

实例12 抗衰老润肤霜

【原料配比】

原料	配比(质量份)			
	1#	2#	3#	4#
白术	5	8	10	8
白茯苓	5	8	10	8
白芨	5	8	10	8
白蔹	5	8	10	8
水	75	160	250	120
蒸馏水	10	15	20	10
甘油	3	5	8	5
茶多酚	1	2	3	3
维生素A	1	1.5	2	2
SOD	0.3	0.5	0.7	0.7
曲酸棕榈酸酯	0.5	1.3	2	2
凡士林	20	35	50	40

【制备方法】

(1)称取白术5~10份,白茯苓5~10份,白芨5~10份,白蔹5~10份,粉碎,混合均匀即得混合物A。

(2)按混合物A与水质量比为1:(3~5)的比例将混合物A投入水中煎煮1~3h,过滤,滤渣再重复煎煮一次,过滤,合并两次的滤液得滤液B。

（3）将滤液 B 反渗透浓缩，得浓缩液 C。

（4）称取蒸馏水 10～20 份，加入甘油 3～8 份，茶多酚 1～3 份，维生素 A 1～2 份，SOD 0.3～0.7 份，曲酸棕榈酸酯 0.5～2 份，加热溶解得混合物 D。

（5）称取 20～50 份凡士林，加热熔化后，加入浓缩液 C 和混合物 D，搅拌均匀，冷却即得成品。

【产品应用】 本品主要是一种抗衰老润肤霜。

【产品特性】 本产品含有 SOD、茶多酚、白术这类清除自由基较强的成分，通过清除组织中的自由基，保持细胞功能的完整性，从而达到抵抗肌体衰老的目的，不但能治标而且能治本。本品是一款具有美白、祛斑、除皱、保湿、抗衰老功能的润肤霜。

实例 13 芦荟润肤霜（1）

【原料配比】

原　　料	配比（质量份）		
	1#	2#	3#
芦荟提取液	5	8	6
硬脂酸	3	5	4
十六醇	6	8	7
聚氧乙烯单油酸酯	3	5	4
羊毛脂	10	20	16
甘油	10	20	16
对羟基苯甲酸乙酯	1	3	2
椰子油酸二乙醇酰胺	1	3	2
聚乙烯醇	5	8	6
羟甲基纤维素	1	3	2
香精	0.1	0.3	0.2
去离子水	80	100	90

【制备方法】

(1)将硬脂酸、十六醇、聚氧乙烯单油酸酯、羊毛脂及对羟基苯甲酸乙酯混合,搅拌加热至80~100℃,使其熔化待用。

(2)将芦荟提取液、甘油、聚乙烯醇、椰子油酸二乙醇酰胺、羟甲基纤维素及去离子水混合,加热至80~100℃,搅拌分散均匀。

(3)将步骤(2)所得的溶液,慢慢倒入步骤(1)所得的产物中,边加入边搅拌,使其充分乳化。

(4)待步骤(3)所得的产物降温至30~40℃,加入香精,搅拌分散均匀后即得成品。

【产品应用】 本品主要是一种芦荟润肤霜。

【产品特性】 制备工艺简单,成本低廉;本品使用效果良好,无毒无任何副作用。

实例14 芦荟润肤霜(2)

【原料配比】

原　　料	配比（质量份）	
	1#	2#
液体石蜡	5	12
甘油	20	30
鲸蜡硬脂醇	6	12
硬脂酸	5	8
聚二甲基硅氧烷	15	20
醇磷酸酯	3	5
羟苯甲酯	1	3
黄原胶	5	10
库拉索芦荟叶提取物	50	60
EDTA 二钠	10	15
甲基氯异噻唑啉酮	10	15
水	40	60

【制备方法】 将液体石蜡、甘油、鲸蜡硬脂醇、硬脂酸、聚二甲基硅氧烷、醇磷酸酯、羟苯甲酯、黄原胶和 EDTA 二钠均匀混合加热至75℃,将水、库拉索芦荟叶提取物和甲基氯异噻唑啉酮放入另一个干净的玻璃瓶中混合均匀,加热至75℃,将两个玻璃瓶中的物质混合均匀,冷却至45℃,罐装即得成品。

【产品应用】 本品是一种含有芦荟的润肤霜。

【产品特性】 本产品的成分中含有库拉索芦荟叶提取物,该提取物配合本产品中的其他原料,使得制成的润肤霜对皮肤具有抗菌的功效,同时对皮肤有良好的滋润和增白作用。

实例15 芦荟植萃营养霜

【原料配比】

原 料		配比（质量份）			
		1#	2#	3#	4#
A 相	鲸蜡硬脂基葡糖苷/鲸蜡硬脂醇	3	4	5	3
	甘油硬脂酸酯/PEG-100 硬脂酸酯	2	3	2	3
	鲸蜡硬脂醇	2	2	2	2
	聚二甲基硅氧烷	2	2	1	3
	异壬酸异壬酯	6	7	5	6
	霍霍巴籽油	4	4	6	6
	角鲨烷	4	6	8	6
	生育酚乙酸酯	1.5	1	0.5	1
	积雪草苷	1	1	0.2	1
	乙基己基甘油	1	1	2	1
B₁ 相	调剂补量成分库拉索芦荟鲜叶汁	43.1	29.3	37.32	34.75
	海藻糖	3	3	3	3
	甜菜碱	5	4	3	3

续表

原　　料		配比（质量份）			
		1#	2#	3#	4#
B₁相	EDTA 二钠	0.05	0.1	0.08	0.1
	乙基抗坏血酸	2	1	1	2
	烟酰胺	1	1	2	2
B₂相	甘油	3	6	6	5
	丁二醇	6	7	6	5
	黄原胶	0.3	0.4	0.2	0.1
C相	莲花/梅果提取物/柠檬酸/乳酸/甘油/水	2	2	2	2
	马齿苋提取物	6	6	5	5
	扭刺仙人掌提取物	4	4	3	5
	香精	0.1	0.2	0.1	0.15

【制备方法】

(1)将 A 相加入油锅、B₁ 相加入水锅,B₂ 相原料预先混合分散后,再加入水锅,分别搅拌加热至 70~80℃,保持 20min 灭菌,将均质乳化锅预热 70~80℃。

(2)温度到达后,分别将 A 相、B 相抽入乳化锅中,先抽入 80% 水相,再将油相抽入均质乳化锅,最后抽入剩余水相,继续搅拌乳化 5~10min,启动均质机,均质乳化 3min 后,打开均质机冷却水阀门,降温至 45℃。

(3)温度到达 45℃时,将 C 相从加料口加入搅拌均匀后,继续搅拌降温至 35~38℃;

(4)冷却水间断供给,视均质乳化锅内物料成膏后,放掉真空,停止搅拌,升锅用浸有 75% 乙醇的纱布擦锅边后,测 pH 值,用刮板出料,称重并做标识后将半成品送入陈化间,陈化 12~24h,经检验合格后灌装、包装、入库,即得成品。

【产品应用】 本品主要是一种含有芦荟的营养霜。

【产品特性】

(1)天然防腐技术与多元生物活性复配协同,全面改善肌肤。

(2)芦荟鲜叶汁保留了芦荟叶汁中活性成分,如芦荟多糖与矿物质,其美容效果提升30%～50%,同时增加了营养霜中其他功效原料制剂的生物利用度。

(3)芦荟高温加入灭活了芦荟多糖分解酶,可使芦荟化妆品保持长久的美容效果。

实例16 卵黄磷脂营养润肤霜

【原料配比】

原　　料	配比(质量份)
十六醇	5
十八醇	5
甘油	12
白油	5
单硬脂酸甘油酯	2
羊毛脂	0.5
卵黄油	0.5
十二烷基硫酸钠	0.8
人参提取液	10
尼泊金乙酯	0.3
香精	适量
精制水	加至100

【制备方法】

(1)将白油加热至60℃,加入卵黄油,搅拌均匀备用。

（2）将十六醇、十八醇、甘油、单硬脂酸甘油酯、羊毛脂等原料加热至70℃,搅拌均匀,加入步骤（1）物料,充分搅拌溶解。

（3）将十二烷基硫酸钠、人参提取液、尼泊金乙酯和精制水等原料加热至70℃,充分搅拌溶解。

（4）将步骤（2）和步骤（3）所得物料混合乳化,搅拌冷却至40℃时加入香精,充分混合即可。

【产品应用】　本品是一种延缓衰老、改善肌肤的卵黄磷脂营养润肤霜,对皮肤具有良好的营养嫩白、美容养颜的功效。适用于任何肤质。

【产品特性】　本产品各原料产生协调作用,延缓衰老、改善肌肤;pH 值与人体皮肤的 pH 值接近,对皮肤无刺激性;使用后无油腻感,对皮肤具有良好的营养嫩白、美容养颜的效果。

实例17　绿茶润肤霜

【原料配比】

原　　料		配比（质量份）
绿茶		10～12
蜂蜜		10～12
蜂王浆		5～7
茉莉精油		5～7
溶剂		62～70
溶剂	天然果胶	1
	纯净水	1～1.5

【制备方法】

（1）绿茶液的制备:用0.1%的 TD 粉水溶液将精选后的绿茶浸泡5～8min 后清水漂净,进行清洗;将经过预处理的绿茶与水以质量比1:1混合后,通过打浆机进行打浆,并滤除过粗纤维,得到绿茶浆备用;将打好的绿茶浆放入小型蒸馏设备,保持一定的回流比,直到浆液近于蒸干得到纯净的绿茶液。

（2）溶剂的制备：将天然果胶与纯净水以（1:1）~（1:1.5）的质量比搅拌均匀即可。

（3）润肤霜的制备：将蜂蜜和蜂王浆加热至80℃，除掉其中的细菌，并冷至常温；将溶剂加热至40℃。首先将10%~12%的绿茶加入40℃的溶剂中，以搅拌机搅拌3min，使其充分溶解。然后依次加入净化完毕的蜂王浆、蜂蜜和5%~7%的茉莉精油。

【产品应用】 本品是一种含绿茶的润肤霜。

【产品特性】 所得的绿茶润肤霜呈可流动胶状，为皮肤提供营养，美白皮肤，更可以祛除皱纹，延缓皮肤衰老。

实例18 玫瑰精油润肤霜

【原料配比】

原 料		配比（质量份）
A 相	非离子乳化剂 A6	2
	非离子乳化剂 A25	2
	十八／十六混合醇	2
	二甲硅油	1
	霍霍巴油	2
	液状石蜡	8
	豆蔻酸异丙酯	3
	维生素 E	0.8
	氮酮	2
	BHT	0.05
	亚硫酸钠	0.1
	玫瑰精油	0.3

原　　料		配比（质量份）
B相	1,3-丁二醇	4
	甘草酸二钾	2
	尼泊金甲酯	0.10
	纯水	96.9
C相	丙二醇	4
	活肤生物酶	6
	胚胎精华液	8
	软骨素	3
	辅酶Q10	2
D相	复合防腐剂	0.07

【制备方法】　先取D相组分溶解,加热至40℃备用,将A相、B相分别加热至80℃,待两相温度相等时,将A相加入B相中,均质乳化2min,搅拌降温至65℃左右时,加入乳化剂,搅拌均匀到50℃,加入C、D两相,继续搅拌降温至36℃即得成品。

【产品应用】　本品为润肤、美容、护肤、延缓衰老的玫瑰精油润肤霜化妆品。

【产品特性】　本产品选用优质玫瑰花瓣,提取玫瑰精油,遵循人体的生理特点,精心配伍天然生物制剂,选择富含多种具有优良护肤功能的活性物质,如软骨素、活肤生物酶、细胞激活剂辅酶Q10等,从而具有抗氧化、抗衰老,高效保湿,淡化色斑、柔肤、紧肤、嫩肤和保持皮肤弹性等目的。

实例19 美白滋润霜

【原料配比】

原　料		配比（质量份）		
		1#	2#	3#
A组分	去离子水	78.23	76.05	74.38
	羟乙基纤维素	0.1	0.1	0.4
	卡波姆940	0.3	—	—
	卡波姆U21	—	0.28	—
	尼泊金甲酯	0.1	0.12	0.15
	甘油	3	5	—
	丙二醇	2	4	6
	1,3-丁二醇	3	—	2
	吐温-60	0.05	0.08	0.1
B组分	大分子透明质酸	0.04	0.04	0.04
	小分子透明质酸	0.13	0.13	0.13
C组分	乙二醇	2	3	2
	棕榈酸异辛酯	3	6	5
	甲基硅油DC-200	4	—	—
	甲基硅油DC1403	—	—	4
	木瓜蛋白酶生物膜	0.05	0.2	0.1
	丙二醇	4	5	5
	三乙醇胺	—	—	0.3
	防腐剂	—	—	0.4

【制备方法】

（1）将A组分加入锅内，加热到80~90℃，高速搅拌分散均质10~15min；降温到70℃；加入B组分使其高速均质均匀。

(2)如果 C 组分不含三乙醇胺和防腐剂,则降温到 55～65℃以下时,加入 C 组分,高速搅拌分散均匀,于 30～40℃出料;如果 C 组分中含有三乙醇胺和防腐剂,则降温到 55～65℃以下,加入 C 组分中除三乙醇胺、防腐剂的其他组分,高速均质均匀;降温到 45℃,加入三乙醇胺,搅拌分散均匀;再加入防腐剂,于 30～40℃出料,即得成品。

【注意事项】　所述木瓜蛋白酶生物膜通过以下方法制备:配制浓度为 0.02mol/L,pH 值为 7.0 的磷酸缓冲溶液,分别将聚酰胺和木瓜蛋白酶溶于磷酸缓冲溶液,配制成质量浓度为 1%～4% 的聚酰胺溶液和质量浓度为 0.2%～0.4% 的木瓜蛋白酶溶液,将聚酰胺溶液和木瓜蛋白酶溶液以(1:1)～(1:5)(体积比)的比例混合;将上述混合溶液 100～200μL 通过微量注射器涂在石英板表面上;再在石英板上滴加 100～150μL 无机盐溶液,并将一个烧杯罩在石英板上自然晾干成膜,密封备用。

所述无机盐溶液为硫酸盐溶液、氯化盐溶液、柠檬酸盐溶液中的一种,浓度为 8×10^{-3} mol/L。

所述增稠剂为羟乙基纤维素、卡波姆 940、卡波姆 U21 中的一种或几种。

所述乳化剂为吐温 -60;所述稳定剂为尼泊金甲酯。

所述保湿剂为甘油、丙二醇、1,3-丁二醇中的一种或几种。

【产品应用】　本品是一种美白滋润霜。

【产品特性】　本产品每天早、晚在脸部和手、脚上涂抹,有紧致皮肤、改善肤质、净透美白的作用。产品滋润性强,使用后皮肤没有刺激感。

实例20　嫩白保湿润肤霜
【原料配比】

原　　料	配比（质量份）					
	1#	2#	3#	4#	5#	6#
菠萝叶纳米纤维素	0.01	0.02	0.03	0.04	0.05	0.03
去离子水	20	20	20	20	20	20

原　料		配比（质量份）					
		1#	2#	3#	4#	5#	6#
透明质酸		0.2	0.2	0.2	0.2	0.2	0.2
卡波姆		0.6	1	0.4	0.8	0.6	0.8
去离子水		20	20	20	20	20	20
天然植物油脂	天然棕榈油	2.0	4	—	—	4	—
	天然蓖麻油	2.0	—	4	4	—	—
	天然橄榄油	—	—	—	4	4	6
蜡质成分	天然巴西棕榈蜡	5.0	5	—	—	1	—
	天然蜂蜡	—	—	5.0	5	—	2
	天然羊毛脂	—	—	—	—	3	2
高级醇	鲸蜡醇	2.0	—	2	—	1	2
	月桂醇	—	2	—	2	2	1
保湿剂	甘油	5.0	—	4	—	2	2
	丙二醇	—	5.0	—	4	2	3
乳化剂	聚氧乙烯失水山梨醇单月桂酸酯	2.0	2	1	1	1	—
	聚乙烯醇	—	—	1	1	—	2
	三乙醇胺	2.0	2	2	2	1	1.5
单硬脂酸甘油酯		2.0	2	2	2	1.5	1
皮肤柔润剂	肉豆蔻酸异丙酯	2.0	—	1	—	—	1.5
	棕榈酸异丙酯	—	2	1	2	1	—
防腐剂	尼泊金甲酯	0.1	—	0.2	—	—	0.1
	尼泊金丙酯	0.1	0.2	—	0.1	0.1	—

续表

原　　料		配比（质量份）					
		1#	2#	3#	4#	5#	6#
去离子水		29.99	27.58	30.67	25.36	28.05	30.37
植物提取物	芦荟提取物	2.0	—	—	—	—	—
	木瓜提取物	—	4	—	—	—	—
	柠檬提取物	—	—	3	—	—	2
	甘草提取物	—	—	—	4	—	—
	芦荟提取物	—	—	—	—	3	—
美白成分	橙皮苷	0.5	—	—	1.5	—	—
	熊果苷	—	1.5	—	—	—	1
	杜鹃花酸	—	—	2	—	2.5	—
抗氧化剂	维生素E	2.5	—	—	—	2	—
	茶多酚	—	1.5	—	1	—	—
	花青素	—	—	0.5	—	—	1.5

【制备方法】

（1）将菠萝叶纳米纤维素加入占总质量分数为20%的去离子水中，经超声处理形成稳定均一的悬浮液。

（2）将透明质酸加入上述悬浮液中，加热搅拌至完全溶解，加入卡波姆和占总质量分数为20%的去离子水，继续加热搅拌至卡波姆完全溶解，加入天然植物油脂、蜡质成分、高级醇、保湿剂、乳化剂、三乙醇胺、单硬脂酸甘油酯、皮肤柔润剂、防腐剂和剩余的去离子水，加热搅拌至完全溶解并乳化均匀后，冷却至70~80℃，加入植物提取物、美白成分、抗氧化剂，搅拌均匀后，静置24h，即得成品。

【产品应用】 本品是一种吸水率高、保湿性能好、肤感清爽、营养丰富的润肤霜。

【产品特性】 本产品由菠萝叶纳米纤维素及多种丰富的纯天然

71

成分复配而成,配方合理,营养丰富,能够使皮肤有效吸收化妆品中的营养成分和水分,达到美白和深层补充营养和水分的效果,维持皮肤理想水分平衡,并能提供皮肤所需的多种营养成分,具有优异的皮肤保养效果。本产品采用的油脂为天然植物油脂,比动物油脂和矿物油脂更健康且更易吸收,采用的蜡质成分均为纯天然物质,如天然巴西棕榈蜡、天然蜂蜡、天然羊毛脂等,对人体无害,且容易吸收。此外,本产品采用无乙醇、无色素、无香精的配方,安全无刺激。

实例21 葡萄籽养颜润肤霜

【原料配比】

原　　料	配比(质量份)
葡萄籽提取物	9
十六醇	1
羊毛油	2.5
羊毛醇	2
白油	8
橄榄油	12
辛酸/癸酸甘油酯	4
斯盘-60	3.5
吐温-60	1
甘油	4
透明质酸	0.03
防腐剂	适量
香精	适量
去离子水	加至100

【制备方法】

(1)将葡萄籽提取物、十六醇、羊毛醇、斯盘-60、吐温-60、透明质酸和去离子水混合加热至80℃,搅拌均匀。

(2)将羊毛油、白油、橄榄油、辛酸/癸酸甘油酯和甘油混合加热至90℃,搅拌熔化均匀。

(3)将步骤(2)所得物缓慢加入步骤(1)所得物,边加入边搅拌,使其彻底熔融,待温度冷却至50℃时加入防腐剂,冷却至40℃加入香精,继续搅拌直至室温,静置即得本品,分装。

【产品应用】　本品是一种抗炎抗氧化、淡斑增白的葡萄籽养颜润肤霜,对皮肤具有良好的嫩白养颜、修护美容的功效。

【产品特性】　本品抗炎抗氧化、淡斑增白;其 pH 值与人体皮肤的 pH 值接近,对皮肤无刺激性;使用后具有明显的修护美容功效。

实例22　清爽紧致润肤霜

【原料配比】

原　　料	配比(质量份)
白油	10.0
甘油	3.0
鲸蜡醇	2.0
防腐剂	适量
肉豆蔻酸肉豆蔻酯	4.0
去离子水	79.0
PEG-200 甘油牛油酸酯(70%)	2.0

【制备方法】　将油相原料白油、鲸蜡醇、肉豆蔻酸肉豆蔻酯、PEG-200 甘油牛油酸酯投入设有蒸汽夹套的不锈钢加热锅内边混合边加热至70~90℃,维持30min灭菌,在另一个不锈钢夹套锅内加入去离子水、甘油,边搅拌边加热至 70~90℃,维持 20~30min 灭菌。然后将油相原料和水相原料进行混合乳化搅拌冷却至 60~50℃,此时将防腐剂加入混合,搅拌冷却至 45~40℃,出料,检测,灌装即得成品。

【产品应用】　本品是一款清爽补水,紧致肌肤的润肤霜,对皮肤具有良好的清爽紧致功效。

【产品特性】 本产品所述各原料的用量和理化性质产生协调作用,清爽补水,紧致肌肤;使用后明显感到清爽舒适、无油腻感。

实例23　人参芦荟营养霜

【原料配比】

原　　料	配比(质量份)
翠叶芦荟凝胶干粉	12
人参活性提取物	8
聚氧乙烯硬脂基醚	5
三辛酸癸酸甘油酯	5
异硬脂酸异丙酯	6
异硬脂酸异硬脂醇酯	6
双异硬脂酸二聚亚油酸酯	1
鲸蜡硬醇	2
甘油	2
对羟基苯甲酸乙酯	0.2
维生素E	0.2
去离子水	52.6

【制备方法】 将各组分原料混合均匀即可。

【注意事项】

(1)翠叶芦荟凝胶干粉的制备方法:选择无枯克病害的新鲜翠叶芦荟叶,进行清洗、消毒、去刺、剥皮;用浆机打成浆液;用离心机离心分离除渣;加入2%~3%的活性炭,加热70℃进行脱色,并放置12h,板框过滤得无色清汁;真空薄膜浓缩至10倍或20倍;经喷雾干燥机,喷成干粉为脱色的凝胶干粉。

(2)人参活性提取物的制备方法:选无病虫害霉菌的吉林人参;用

粉碎机将吉林人参粉碎成 40 目;加入适量的水在 70℃以下四级逆流提取;用板框过滤机过滤得人参清液;加入 2%～3% 活性炭,加热至 70℃放置 12h,用离心机高速离心得无色清液;真空薄膜浓缩至 10 倍或 20 倍;经喷雾干燥机,喷成白色干粉。

【产品应用】 本品主要用于防皱、杀菌、消炎、止痒、止痛,能促进肌肤细胞新陈代谢,抗辐射,消除粉刺和痤疮。

【产品特性】 本产品配方新颖,由于采用芦荟和人参,使其既能美容,同时又能对肌肤保湿,滋养,增白,使肌肤光滑有弹性,并能抗皱、杀菌、消炎、止痒、止痛,能促进肌肤细胞新陈代谢,具有抗辐射、消除粉刺、痤疮等优点。

实例24 人参润肤霜

【原料配比】

原　　料	配比(质量份)				
	1#	2#	3#	4#	5#
甘油	100	100	100	100	100
石蜡	60	100	70	90	80
野山人参	10	30	15	25	20
川芎	15	35	20	30	25
芙蓉花	2	4	2.5	3.5	3
当归	1.5	3.5	2	3	2.5
白茯苓	2.5	4.5	3	4	3.5
丝肽	3	7	4	6	5
香精	0.7	1.1	0.8	1	0.9

【制备方法】

(1)将野山人参、川芎、芙蓉花、白茯苓和当归研磨成细粉,投入反应釜中,以 150～350r/min 的速度搅拌 60～120min。

（2）加入甘油、石蜡和丝肽，在 25~45℃搅拌 10~30min。

（3）加入香精，在 20~40℃下混合 2~4h 即可。

【产品应用】　本品是一种促进皮肤新陈代谢、无毒副作用和刺激性、防止色斑和皱纹产生的人参润肤霜。

【产品特性】

（1）产品质量稳定，能迅速渗透至肌肤内层，促进营养成分的吸收，促进皮肤新陈代谢，有效屏障电磁波辐射、紫外线辐射，可阻隔计算机、电视、手机及其他电子设备的辐射。

（2）产品无任何毒副作用及刺激性，使用效果显著，有效防止色斑和皱纹的产生。

（3）具有保湿效果和加强肌肤保湿层的保水能力，对 200~400nm 波长的光电磁波吸收效果显著。

实例25　人参皂苷美白润肤霜

【原料配比】

原　　料		配比（质量份）		
		1#	2#	3#
人参皂苷	人参不定根	1	1	1
	甲醇	13	10	15
油相	硬脂酸	3	1	5
	凡士林	0.5	0.8	0.2
	羊毛脂	0.5	0.2	0.8
	液体石蜡	10	12	8
	橄榄油	3	1	5
	乳化剂单脂肪酸甘油酯	1	1.4	0.6
	十八醇	3	1	5
水相	吐温-80	2	1	3
	斯盘-80	1.5	2.5	0.5

原　料		配比(质量份)		
		1#	2#	3#
水相	甘油	5	3	7
	去离子水	69.9	75.4	64.4
功能性组分	人参皂苷	0.1	0.1	0.2
	防腐剂2-甲基-4-异噻唑啉-3-酮	0.3	0.5	0.1
	茉莉香精	0.2	—	—
	玫瑰香精	—	0.1	—
	紫罗兰香精	—	—	0.2

【制备方法】

(1)将油相原料投入油相锅,加热至70～80℃,搅拌至所有原料溶解,保温20～25min,备用。

(2)将水相原料投入乳化锅,加热至70～80℃,保温15～18min,在100℃下灭菌2min,降温至70～80℃,备用。

(3)将油相加入水相的乳化锅中,以250～350r/min的速率搅拌,均质45～55min;冷却至40～45℃,加入人参皂苷、防腐剂和香精,搅拌均匀,得到人参皂苷美白润肤霜。

【注意事项】 所述人参皂苷的制备:称取人参不定根,加入10～15质量倍的甲醇,于80～90℃水浴加热回流提取3～5h,过滤,重复提取1～2次,合并滤液,旋蒸至甲醇挥发干净,得人参皂苷。

【产品应用】 本品是一种人参皂苷美白润肤霜。

【产品特性】 本品的制备方法操作简单;能有效抑制黑色素生长,达到良好的美白效果。

实例26 润肤霜(1)

【原料配比】

原料	配比(质量份)		
	1#	2#	3#
辛基十二烷醇	4	8	6
椰子油	8	15	13
羊毛醇	5	7	6
硬脂酸铝	3	5	4
维生素B$_5$原液	3	6	5
三色堇	20	30	25
杜鹃	18	20	19
绿茶	18	22	20
金耳	30	40	35
皂角米	18	20	19
卵磷脂	4	6	5
甜杏仁油	4	6	5
小麦胚芽油	8	15	13
马油	7	13	10
透明质酸	4	6	5
蚕丝蛋白	4	8	6
水杨酸	1	3	2
蒸馏水	适量	适量	适量

【制备方法】

(1)将三色堇和杜鹃一起倒入蒸馏装置中进行蒸馏处理,制得混合纯露,备用。

(2)将小麦胚芽油与椰子油一起倒入无菌器皿中,然后进行水浴加热至 55℃,然后加入辛基十二烷醇并充分搅拌,制得混合油液,备用。

(3)将羊毛醇倒入步骤(2)所得的混合油液中,然后充分搅拌进行乳化处理,得到乳化油液,备用。

(4)将绿茶和金耳用开水分别浸泡 3min 和 15min,然后过滤出渣物,并一起倒入高压锅中,用武火煮至沸腾后,转成文火慢煮 30min,获得浓稠混合液体,备用。

(5)将皂角米置于粉碎机中进行粉碎处理,然后与适量蒸馏水倒入电饭锅中慢煮 50min,获得稠糊,备用。

(6)将步骤(4)所得浓稠混合液体和步骤(1)所得的混合纯露充分混合后,置于冷冻离心机中将杂质和液体分离,然后去除杂质,并将液体放入低温蒸发机中蒸发出 85% 的水分,得到黏稠液体,备用。

(7)将步骤(5)所得的稠糊倒入无菌器皿中,然后自然降温至50℃左右时加入蚕丝蛋白和步骤(6)所得的黏稠液体充分搅拌均匀,制得混合稠糊,备用。

(8)将步骤(3)所得的乳化油液倒入步骤(7)所得的混合稠糊中,充分搅拌,使步骤(3)所得的乳化油液中的残留乳化剂成分反应,然后将马油、硬脂酸铝、维生素 B_5 原液、卵磷脂、甜杏仁油、透明质酸和水杨酸一起倒入并充分搅拌均匀,制得乳化稠膏,备用。

(9)将步骤(8)所得的乳化稠膏进行杀菌处理,然后倒入不透光的包装瓶中,瓶口封上锡纸并拧紧瓶盖,存放于阴凉处。

【产品应用】　本品是一种具有可以柔嫩肌肤及促进自愈力和新陈代谢的润肤霜。

【产品特性】　通过添加有马油,可以渗入极微小的间隙中,使用在人体的皮肤上可将毛孔间隙中的空气赶出,并将维生素 B_5、透明质酸和卵磷脂渗透至皮下组织,在养分被吸收的同时,不但不会阻碍皮肤呼吸,还可促进肌肤的自愈力和新陈代谢,减少面部油脂的生成,使肌肤表层纹理和肤色均匀度得到改善,而且杜鹃中含有杜鹃素,有抗细菌和真菌的作用配合水杨酸的杀菌、消炎作用可以有效预防青春痘的生成。

实例27 润肤霜(2)

【原料配比】

原料		配比(质量份)
组分A	山茶油	2.0
	肉豆蔻酸异丙酯	1.0
	甘油三(乙基己酸)酯	1.0
	季戊四醇四异硬脂酸酯	1.0
	鲸蜡基乙基己酸酯	1.0
	十六醇	1.0
	硬脂酸	1.0
	单硬脂酸甘油酯	1.0
	维生素E	1.0
	山梨坦硬脂酸酯或蔗糖椰油酯一种或两种组合	1.0
组分B	丙二醇	2.0
	丙三醇	2.0
	1,4-丁二醇	2.0
	海藻提取物	1
	铁甲草提取物	4.5
	去离子水	75.2
组分C	三乙醇胺	0.12
组分D	尼泊尔金甲乙丙酯	0.2
	无水乙醇	2.0
	香精	适量

【制备方法】

(1)将组分A中的各组分混合,于搅拌下在水浴中加热到75℃至完全溶解,继续恒温加热10min,冷却到60℃后,用加热磁力搅拌器搅拌10min,转速300r/min,加热温度设定60℃,调转速400r/min继续搅拌10min,重复处理两次至均匀。

(2)将组分B中各组分混合,在75℃水浴锅中恒温加热30min,并不断搅拌至均匀。

(3)将组分D中除香精外的尼泊尔金甲乙丙酯用10倍质量的无水乙醇溶解。

(4)用加热磁力搅拌器,温度设定60℃,转速300r/min搅拌混合好的组分A,缓慢将混合组分B注入,继续搅拌30min,至体系均匀,在搅拌下,加入组分C三乙醇胺,继续恒温搅拌约10min,继续搅拌冷却至室温后,加入混合组分D,搅拌至均匀,加热至60℃,转速为300r/min,均质机匀质25min。

(5)将步骤(4)所得物料在室温下自然冷却后,加入适量香精调香,搅拌均匀,检验,分装,即得成品。

【产品应用】 本品主要是一种润肤霜,绿色环保、纯天然、细腻易吸收,对皮肤无刺激,既可滋润皮肤,还可防止皮肤老化,具有良好的润肤功效。

【产品特性】 本产品以山茶油为基质油,添加维生素E、海藻提取物、铁甲草提取物等营养剂的制得的润肤霜具有滋润皮肤,保湿,杀菌,止痒等功效,可改善皮肤的新陈代谢,起到抗衰防老的作用。

实例28 山茶油滋润霜
【原料配比】

原　　料	配比(质量份)		
	1#	2#	3#
十六十八混合醇	1	2	3
十六酸十八酯	4	3	2
聚二甲基硅氧烷	0.5	1.5	2.5
角鲨烷	3	2	1

续表

原　料	配比(质量份)		
	1#	2#	3#
山茶油	1	2	3
尼泊金丙酯	0.35	0.15	0.05
EDTA 二钠	0.5	0.3	0.2
尿囊素	0.5	0.3	0.2
D-泛醇	0.3	0.4	0.8
聚丙烯酰胺/聚乙二醇二丙烯酸酯	3	1.8	1
甘油	2	4	6
尼泊金甲酯	0.35	0.2	0.05
三(羟甲基)甲基甘氨酸	1	2	3
茉莉精油	0.5	—	—
天竺葵精油	—	0.35	—
罗马洋甘菊精油	—	—	0.2
去离子水	82	80	77

【制备方法】

(1)将十六十八混合醇、十六酸十八酯、聚二甲基硅氧烷、角鲨烷、山茶油和尼泊金丙酯投入油锅,加热至 80~83℃,搅拌至完全溶解,呈透明状,为 A 相,停止加热,待用。

(2)在水锅中,将去离子水加热升温至 90℃,保持 30min 后,降温至 80~83℃,加入 EDTA 二钠、尿囊素、D-泛醇、聚丙烯酰胺/聚乙二醇二丙烯酸酯、甘油、尼泊金甲酯和三(羟甲基)甲基甘氨酸;搅拌溶解均匀后,成 B 相,待用。

(3)将 B 相抽入主锅中,然后将 A 相抽入主锅;搅拌均匀后均质 6~8min。

(4)开启真空,对主锅内的均质料脱气 5min;缓慢降温,温度至

45℃时真空脱泡约3min,放空后加入香精。

(5)温度降至38℃时,出料,陈化6h,进行质检,合格即得成品。

【产品应用】 本品主要用于调理肌肤,保持肌肤水分平衡、治疗皮肤发炎、促进皮肤再生等多效滋润的山茶油滋润霜。

【产品特性】 本产品是通过各种组分的合理使用与搭配,设计出的一种山茶油滋润霜,该滋润霜主要针对皮肤紫外线损伤、红斑、发炎、干裂、脱皮、擦伤等问题,具有保湿、抗衰老、防皱、滋润、补水、促进皮肤再生等多种功效,是日常护理和外出旅游不可缺少的护理品。

实例29 适合油性皮肤使用的润肤霜
【原料配比】

原 料		配比（质量份）			
		1#	2#	3#	4#
润肤剂	辛酸/癸酸甘油酯	—	—	—	5
	棕榈酸异辛酯	5	10	4	3
	硬脂酸异丙酯	—	—	—	8
	聚二甲基硅氧烷	2	5	1	1
	角鲨烷	5	15	5	—
乳化稳定剂	鲸蜡硬脂醇	1	3	2	—
	鲸蜡醇	—	—	—	2
	甲基葡萄糖苷倍半硬脂酸酯				0.5
	脂肪醇聚氧乙烯醚	2	4	2	1
	单硬脂酸甘油酯	1.5	3	1	1
保湿剂	甘油	3	3	3	3
增稠剂	羧甲基淀粉钠	1	2	—	1.5
	卡波姆	—	—	0.2	—

原　料		配比(质量份)			
		1#	2#	3#	4#
天然木质纤维素粉	VivapurCS9 FM 天然木质纤维素粉	2	—	—	—
	Vitacel CS 20 FC 天然木质纤维素粉	—	2	—	—
	Vivapur CS 70 FM 天然木质纤维素粉	—	—	1	—
	Vivapur CS 130 FM 天然木质纤维素粉	—	—	—	1
防腐剂	甲基异噻唑啉酮	—	0.2	0.2	0.2
	羟苯丙酯	0.1	0.1	—	—
	羟苯甲酯	0.2	—	0.2	0.2
中和剂	三乙醇胺	—	—	0.3	—
香精	玫瑰香精	0.15	0.15	0.15	—
	百合香精	—	—	—	0.15
去离子水		加至100	加至100	加至100	加至100

【制备方法】 将润肤剂、乳化稳定剂混合均匀后加热到 70~80℃,制成油相;将保湿剂、增稠剂、天然木质纤维素粉、去离子水混合均匀后加热到 70~80℃,制成水相;再将油相和水相加入真空均质器中均质乳化 3~5min,油相和水相均质乳化后加入中和剂和防腐剂,搅拌 10~30min,冷却至 50~60℃时,加入香精,搅拌 5~10min,脱气,继续冷却至 45℃以下,出料。脱气,冷却至 45℃以下,出料,即得成品。

【产品应用】 本品主要适用于油性皮肤。

【**产品特性**】 本品采用特定粒径的天然木质纤维素粉作为粉料，同时选择合适的润肤剂和乳化稳定剂，再配合保湿剂和增稠剂等成分进行乳化而制得；由于天然木质纤维粉分散性好，微观结构是带状弯曲、凹凸不平、表面多孔洞，因而具有大的比表面积，这种大的比表面积因其毛细管效应对油脂具有很强的吸附力，在油性组分添加量比较大的情况下，仍具有很好的控油效果。另外，天然木质纤维素粉无毒、无味、无污染、无放射性，且在通常条件下是化学上非常稳定的物质，非常适合作为粉料添加到润肤霜中。

实例30 天然果酸润肤霜

【原料配比】

原　料	配比（质量份）
橄榄油	5
硅油	1.5
白油	5
丙三醇	8
单硬脂酸甘油酯	6
十八醇	3
十六醇	2
天然果酸提取液	4
氨基酸提取液	1
香精	适量
防腐剂	适量
精制水	适量

【制备方法】

（1）将橄榄油、硅油、白油、丙三醇等原料加热至65~75℃，混合搅拌混匀。

（2）将单硬脂酸甘油酯、十八醇、十六醇、尼泊金甲酯和精制水等原料加热至75～85℃,混合搅拌均匀。

（3）将步骤（1）和步骤（2）所得物料混合乳化,加入天然果酸提取液、氨基酸提取液、香精和防腐剂,冷却搅拌,包装即可。

【产品应用】 本品是一种天然温和、消炎抑菌的天然果酸润肤霜,对皮肤具有良好的滋润保湿、护肤养颜的功效。

【产品特性】 本产品的润肤霜制备方法简单,膏体细腻稳定,既能使油性皮肤得到深层的滋润,而且能让使用者有清爽、润滑、亲肤的感觉,特别适合油性皮肤使用。

实例31 天然营养润肤霜

【原料配比】

原　　料	配比（质量份）
月见草籽油	8.0
维生素E	0.8
十八醇	8.0
单硬脂酸甘油酯	2.0
甘油	9.6
硬脂酸	2.4
乙氧基化甲基葡萄糖苷硬脂酸酯	2.2
苯甲酸钠	0.1
香精	适量
纯水	加至100.0

【制备方法】

（1）将乙氧基化甲基葡萄糖苷硬脂酸酯加入纯水中,加热至70～80℃待用。

（2）将硬脂酸、甘油、单硬脂酸甘油酯、十八醇放入烧杯中，在水浴中加热至 80～90℃熔融。

（3）将步骤（2）所得溶液不断搅拌，把步骤（1）所得溶液徐徐加入其中，搅拌均匀。

（4）将月见草籽油加热至 60℃。

（5）当步骤（3）所得溶液冷却至约 60℃时，加入维生素 E 及步骤（4）所得溶液，在不断搅拌下再加入苯甲酸钠。继续搅拌降至 50℃时加入适量香精，再继续搅拌至 40℃，停止搅拌，即得成品。制得膏体具有细腻、滑爽、水亮的特点。

【注意事项】　所述月见草籽油是从柳叶菜科多年生草本植物月见草（又名夜来香）的成熟种子中提取出的有效成分，呈深黄色油状液体、无味，呈其中不饱和脂肪酸占有很大比例，尤其是 7－亚麻酸占9％左右。这种油制成药后，具有降血脂、防血栓、抗衰老等作用。

【产品应用】　本品是一种滋润皮肤的天然营养霜。

【产品特性】　使用天然植物油代替矿物油，使用起来安全、可靠；天然植物油月见草籽油因含有人体必需的脂肪酸，所以具有活血、抗衰老、抗皱功能；对表皮严重角质化粗糙的皮肤也有一定的润肤功能。

实例32　铁皮石斛润肤霜

【原料配比】

原　　料	配比（质量份）
水	45.0～55.0
过滤后的铁皮石斛萃取液	8.0～10.0
尿囊素	0.18～0.22
葡萄糖	5.0～7.0
橄榄油鲸蜡醇酯和橄榄油山梨醇脂的混合物	3.2～5.2
甘油	2.0～4.0

原　　料	配比(质量份)
丁二醇	2.0~4.0
玫瑰精油	0.2~0.3
透明质酸	0.09~0.11
鲸蜡硬脂醇聚醚－6和橄榄油酸酯的混合物	2.0~3.0
聚二甲基硅氧烷	0.8~1.2
植物甾醇酯	1.2~1.8
碘代丙炔基丁基氨基甲酸酯和二羟甲基二甲基乙内酰脲	0.2~0.4

【制备方法】

(1)制备铁皮石斛萃取液:将新鲜铁皮石斛的根部及茎节以自来水冲洗3遍,以纯净水冲洗2遍,在用温水中"淬"3~5min,切成0.5~1.5cm的小段;将铁皮石斛放入去离子水中,并加入脱去蜡质层的微生物菌种,搅拌均匀,浸泡10~30天,把铁皮石斛的色素溶解到水中;将上述浸泡液过滤,即得铁皮石斛和铁皮石斛滤液;将活性炭加入上述步骤铁皮石斛滤液,搅拌,脱色,过滤获得铁皮石斛提取液;将2~10℃的铁皮石斛提取液和过滤后的铁皮石斛置于均质机中,铁皮石斛与铁皮石斛提取液的质量比为(1:4)~(1:9),启动均质机且控制出料细度在200μm以下,得到铁皮石斛萃取液;对粗铁皮石斛萃取液进行过滤得到过滤后的铁皮石斛萃取液。过滤包括粗滤步骤和精滤步骤;所述粗滤采用100目尼龙滤布浸湿过滤;所述精滤步骤启动高速管式离心机(转速为15000r/min)和蠕动泵,设定蠕动泵的转速为150~250r/min,将进料管至粗滤液内,开始离心过滤至新的药液储存罐。每离心过滤200~300L清理滤渣一次,过滤收集滤渣,与粗滤中得到的滤渣合并,另作他用。经过精滤后得到的滤液为过滤后的铁皮石斛萃取液。

（2）将橄榄油鲸蜡醇酯和橄榄油山梨醇脂的混合物、甘油、丁二醇、鲸蜡硬脂醇聚醚-6和橄榄油酸酯的混合物、聚二甲基硅氧烷、植物甾醇酯混合物加热至85℃灭菌,获得油相;将配方量的尿囊素、葡萄糖、透明质酸加入水中,搅拌加热至90~100℃,冷却至85℃,获得水相;将油相加到水相中搅拌乳化得基料;当基料的温度下降到40~45℃时,将过滤后的铁皮石斛萃取液、碘代丙炔基丁基氨基甲酸酯和二羟甲基二甲基乙内酰脲加到基料中,搅拌,再用均质机进行均质乳化5min,加入玫瑰精油,搅拌均匀,静置冷却12~24h成膏,停止搅拌,降温,即得成品。

【注意事项】　所述脱去蜡质层的微生物菌种为烃氧化菌为假单胞菌（*Pseudomonas*）、不动杆菌（*Acinetobacter*）、芽孢菌（*Bacillus*）、地芽孢杆菌（*Geobacillus*）、弧菌（*Vibrionaceae*）、微球菌（*Micrococcus*）或节杆菌（*Arthrobacter*）等。

所述脱去蜡质层的微生物菌种质量占铁皮石斛质量的0.05%~0.5%。

所述活性炭质量占铁皮石斛滤液质量的1%~3%。

【产品应用】　本品是一种铁皮石斛润肤霜。

【产品特性】

（1）本产品中对铁皮石斛进行浸泡,获得铁皮石斛过滤液和铁皮石斛,并合并研磨处理,该制备方法尽可能地保留了铁皮石斛的有效成分,以铁皮石斛鲜品为原料进行萃取,有效成分不易被破坏,所得产品中多糖、维生素、叶绿素、游离氨基酸等含量高。

（2）本产品采用烃氧化菌微生物,分解铁皮石斛表面的蜡质层,使铁皮石斛和水充分接触,使铁皮石斛内的有效成分快速分散到水中。

（3）本产品中对铁皮石斛进行浸泡工序,将铁皮石斛色素、多糖、石斛碱、氨基酸最大限度地萃取出来,免受破坏;同时采用活性炭对铁皮石斛过滤液进行脱色,避免中药颜色过深,影响药效的发挥,避免影响润肤霜的使用效果。

（4）由于目前铁皮石斛产品多以内服为主,本产品中的铁皮石斛润护霜拓展了铁皮石斛的应用领域,更为充分地发挥其价值。

实例33 雪蛤油生态护肤营养霜

【原料配比】

原　　料	配比（质量份）	
	1#	2#
雪蛤油水解多肽提取物	5.80	5.35
丝素肽	0.50	0.46
脱氧核糖核酸提取物	0.40	0.5
十八醇	8.05	7.6
单甘酯	0.50	0.45
三压硬脂酸	4.68	4.6
羊毛醇醚	1.20	1.1
氢化羊毛脂	0.50	0.4
非离子型乳化剂	0.35	0.4
丙三醇	10.20	10.5
硅酮油	1.30	1.2
有益微生物群（FK）	适量	适量
天然香精	适量	适量
蒸馏水	66.16	65.8

【制备方法】

（1）选取优质的雪蛤油，用凉蒸馏水浸泡膨胀均质，经凝胶色谱提取水解多肽物。

（2）将十八醇、单甘酯、三压硬脂酸、氢化羊毛脂与蒸馏水加热到85℃均质乳化。

（3）当温度降至70℃逐步缓慢加入羊毛醇醚、非离子型乳化剂、丙三醇、硅酮油均质。

（4）将步骤（1）所得雪蛤油多肽提取物、丝素肽和脱氧核糖核酸提取物慢慢加入步骤（3）所得物料中继续均质乳化。

（5）边将均质膏体温度降至50℃以下时,逐步加入有益微生物群（FK）和天然香精。

（6）继续降温至35℃时排气,将膏体进行灌装和包装,即得成品。

【产品应用】　本品对皮肤具有很强的亲和力,滋润、保湿、软化角质层、祛除色斑、治疗冻疮、扩张微血管,可使皮肤娇嫩、洁白。

【产品特性】　本产品的制备方法投资省、设备简单、易操作,配方合理、严谨、科学。

实例34　银杏叶营养润肤霜

【原料配比】

原　　　料	配比（质量份）
银杏叶提取物	15
鲸蜡醇	1
单硬脂酸甘油酯	5
肉豆蔻酸异丙酯	8
双十八烷基二甲基氯化铵	6
丙二醇	5
香精	适量
防腐剂	适量
去离子水	加至100

【制备方法】

（1）将银杏叶提取物、鲸蜡醇、丙二醇和去离子水混合加热至75℃,混合搅拌均匀。

（2）将单硬脂酸甘油酯、肉豆蔻酸异丙酯和双十八烷基二甲基氯化铵混合加热至85℃,混合搅拌均匀。

（3）将步骤（2）所得物缓慢加入步骤（1）所得物,边加入边搅拌,使其彻底熔融,待温度冷却至50℃时加入防腐剂,冷却至40℃加入香精,继续搅拌直至室温,静置即得本品,分装。

【产品应用】　本品是一种防治黑色素、抗炎美白的银杏叶营养润肤霜,对皮肤具有良好的改善修护、嫩白美容的功效。

【产品特性】　本产品可防治黑色素、抗炎美白;对皮肤无刺激性;使用后感到清爽、舒适,无油腻感,具有明显的改善修护作用。

实例35　营养润肤霜

【原料配比】

原　　料		配比（质量份）		
		1#	2#	3#
基础油	凡士林	28	17	20
	硬脂酸	18	22	13
蒸馏水		20	30	40
NaOH(3%)		1	3	2
表面活性剂	卵磷脂	5	8	2
	十八醇聚氧乙烯醚	4	3	3
营养物质	人参浸出液	3	6	5
	水解蛋白液	7	5	6
	丝瓜浸出液	2	5	3

【制备方法】

(1)将基础油加入带有蒸汽夹套的不锈钢加热锅内,混合后加热至80~90℃,维持30~40min灭菌。

(2)将蒸馏水、碱液、表面活性剂加入另一个不锈钢夹套锅内,搅拌并加热至70~80℃。

(3)将步骤(1)和(2)中的组分混合搅拌均匀,进行乳化。

(4)将乳化体系冷却到30~40℃时,加入营养物质,边搅拌边冷却,待冷却到室温后,停止搅拌,进行装瓶包装。

【产品应用】　本品是一种营养润肤霜。

【产品特性】 本产品营养润肤霜工艺简单,操作方便;富含维生素、微量元素、植物精华等物质,温和不刺激,可以有效保护皮肤,延缓衰老。

实例36　余甘子活肤润肤霜
【原料配比】

原　　料	配比(质量份)
余甘子	0.5
胶原蛋白	0.1
乳化剂	2
丙二醇	5
霍霍巴油	4
蜂蜡	7
硅油	1
角鲨烷	5
防腐剂	适量
香精	适量
去离子水	加至100

【制备方法】

先将余甘子、胶原蛋白、乳化剂、丙二醇和去离子水加热至75～80℃,溶解后混合搅拌均匀;再将霍霍巴油、蜂蜡、硅油和角鲨烷加热至75~80℃,熔化后混合搅拌均匀;将上述步骤物料混合均质乳化搅拌,并使其冷却至40℃时,加入防腐剂、香精,继续搅拌15min,装入已消毒的瓶中即可。

【产品应用】 本品是一种抗皱美白、调节细胞分泌的余甘子活肤润肤霜,对皮肤具有良好的滋润活肤、美容养颜的效果。适用于任何肌肤。

【产品特性】 本品可抗皱美白、调节细胞分泌;对人体安全,对皮肤无刺激性;适用人群广泛。

实例37 珍珠粉营养霜

【原料配比】

原　　料	配比(质量份)	
	1#	2#
聚乙烯醇	13.5	15
丙二醇	3	3.5
凡士林	5	6
甘油	12.5	15
凡士林	9.5	11
珍珠粉水解液(5%)	10	12
抗氧剂	适量	适量
乙醇	适量	适量
蒸馏水	加至100	加至100

【制备方法】

(1)将丙二醇溶于蒸馏水中,聚乙烯醇溶入乙醇,加热至75℃,两溶液混合搅拌均匀,放置待用。

(2)将珍珠粉水解液加入上述制备好的溶液中,搅拌冷却。

(3)将凡士林作为油相,甘油作为水相,将油相和水相相混合,加热至80℃,搅拌至水相溶入油相中并且乳化,放置待用。

(4)将上述两种溶液混匀,加入抗氧剂、蒸馏水到设定的容量,过滤即得成品。

【产品应用】 本品是一种珍珠粉营养霜。

【产品特性】

(1)珍珠粉中的微量元素能促进SOD的数量增加,活性增强,硒是制造谷胱甘肽过氧化物酶的主要物质,这种酶与 SOD 一样能清除自由基,改善肤色;并且珍珠粉可以清热解毒,清洁皮肤,控制油分,还可促进受损组织再生恢复。

(2)本产品具有美白祛斑,保湿补水使皮肤变得细腻,改善面色发黄、皮肤暗淡的功效,并能防治粉刺的形成,适合各种肤质。

第三章 眼部化妆品

实例1 补水祛皱眼啫喱
【原料配比】

原 料	配比（质量份）		
	1#	2#	3#
透明质酸	35	25	30
蜂蜜	15	25	20
芦荟汁	10	15	13
银耳	15	10	13
丝瓜汁	10	15	13
甘草	4	3	3
去离子水	加至100	加至100	加至100

【制备方法】 将各组分混合均匀即可。

【产品应用】 本品是一种眼部啫喱。

【使用方法】 本品可直接涂抹于眼部,也可将面膜纸浸泡其中,再行敷于眼上。

【产品特性】 本品中透明质酸具有成膜和润滑性,保持皮肤水分,防止皮肤皲裂;蜂蜜能使皮肤光滑细腻,减少皱纹的产生;芦荟中的多糖和维生素对人体的皮肤有良好的营养、滋润和增白作用;银耳能美白肌肤,增强皮肤弹性;丝瓜可抗敏、增白;甘草和白芷能促进皮肤血液循环。

实例2 蚕丝睫毛膏
【原料配比】

原 料	配比（质量份）		
	1#	2#	3#
蜂蜡	1	3	5
地蜡	3	5	8
硬脂酸铝	2	4	6
对羟基苯甲酸甲酯	0.2	0.5	0.8
炭黑	5	6	8
三乙醇胺	1	1	2
蚕丝粉	3	4	6
石油醚	加至100	加至100	加至100

【制备方法】
（1）将蜂蜡和地蜡放在容器中加热熔化并搅拌均匀；
（2）将硬脂酸铝、三乙醇胺及蚕丝粉加入溶剂石油醚中，边加热边搅拌，直至固体物全部溶解，加热温度为80℃。
（3）将步骤（1）和（2）制得的混合物混合后，再加入对羟基苯甲酸甲酯和炭黑，并充分搅拌均匀，冷却至室温，即得成品。
【产品应用】 本品是一种蚕丝睫毛膏。
【产品特性】 本品采用蚕丝粉做填料，能使睫毛有卷曲效果，选用蜂蜡、地蜡、硬脂酸铝，并加入三乙醇胺，而且有助于卸妆时的清洗，不怕水的浸湿，涂抹时易分布均匀且不凝结，储存不容易变质。

实例3 防治眼周脂肪粒的眼霜

【原料配比】

原　　料	配比（质量份）		
	1#	2#	3#
透明质酸	35（体积份）	25（体积份）	30（体积份）
温泉有机活性因子	10（体积份）	15（体积份）	12（体积份）
鼠尾草提取液	10（体积份）	5（体积份）	7（体积份）
山药提取液	10（体积份）	5（体积份）	7（体积份）
红豆蔻	8	8	7
凌霄	3	3	4
西洋参	5	5	4
龙眼	6	6	5
陈皮	7	7	6
去离子水	加至100	加至100	加至100

【制备方法】　将各组分按常规方法制成霜剂。

【注意事项】　所述鼠尾草和山药提取液为鼠尾草和山药经过切碎、水浸、回流加热或蒸馏等工艺制取的提取液。

所述红豆蔻、凌霄、西洋参、龙眼和陈皮均为红豆蔻、凌霄、西洋参、龙眼和陈皮有效成分的提取物。

【产品应用】　本品是一种防治眼周脂肪粒的眼霜。

【使用方法】　使用时，可直接涂抹于眼部，也可将面膜纸浸泡其中，再行敷于眼周。

【产品特性】　本品是用无毒水溶性高分子材料制成具高透明度

的眼霜,其性质稳定,温度稳定性好,不含乙醇,对眼部无刺激性。由于眼霜中含有大量水分,当贴在眼表面时,可通过角蛋白特有的水合作用被皮肤吸收,为皮肤提供充足的水分,并可减少皮肤角质层中的水分蒸发,从而对眼部皮肤起到补水保湿作用,用后眼部异常滋润光滑,感觉舒适、清爽。

实例4　蜂肽焕颜紧致赋活眼霜

【原料配比】

原　　　料	配比(质量份)
蜂子冻干粉	3.0 ~ 5.0
单甘酯	1.0
硬脂酸	0.50
抗氧化剂	0.05
硅油	1.0
霍霍巴油	4.0
蚕丝油	3.0
维生素 E	2.0
红没药醇	0.2
多元醇	5.0
氨基酸	1.0
防腐剂	适量
香精	适量
去离子水	76.25 ~ 78.25

【制备方法】　将单甘酯、硅油、霍霍巴油、硬脂酸和蚕丝油混合加热到 70 ~ 75℃,搅拌并保温,将维生素 E、红没药醇和多元醇混合加热到 70 ~ 75℃,再将上述两组成分混合搅拌,当温度降低到 40 ~ 50℃时,将蜂子冻干粉、氨基酸、抗氧化剂、防腐剂、去离子水和香精加入,搅拌均匀,即得成品。

【产品应用】 本品主要用于淡化眼角皱纹及眼周细纹。

【产品特性】 本方法工艺简单,方便实际生产操作,由于采用上述特殊工艺,产品能有效保持蜂子冻干粉自身的特性。还在与其他成分共同作用下,能明显减退眼角皱纹及眼周细纹。

实例5 高效眼部滋润霜

【原料配比】

原　　料	配比(质量份)				
	1#	2#	3#	4#	5#
精纯维生素 A	3	1	2.5	1.5	2
维生素 C	1	3	1.5	2.5	2
小麦胚芽中提取的维生素 E	1	3	1.5	2.5	2
芦荟	3.4	7.2	5	6	5.5
乳油木果油	2	6	3	5	4
水解蚕丝蛋白	1	2.8	1.5	2.0	1.8
水	80	110	90	100	95

【制备方法】 将各组分按常规方法制成霜剂。

【产品应用】 本品是一种高效眼部滋润霜。

【产品特性】 本品营养丰富、不容易长脂肪粒,产品中所含的精纯维生素 A,能够作用于皮肤深层,调节细胞角化过程,促进生成胶原纤维和弹性纤维,能有效去除、抚平眼部皱纹。

实例6 护眼化妆品(1)

【原料配比】

原　　料	配比(质量份)
纳米金(3~10nm)	0.003
聚甲基硅倍半氧烷	3

续表

原　　料	配比（质量份）
甘油聚甲基丙烯酸酯（和）丙二醇（和）PVM/MA共聚物	12
咖啡因脂质体液	4
透明质酸	0.09
维生素醋酸酯	1.9
烟酰胺	3.2
D - 泛醇	2.3
氮酮	1.8
丁二醇	12
尿囊素	0.8
丙烯酸铵和丙烯酰胺共聚物/聚异丁烯/聚山梨酸酯（20）	2.5
乙二胺四乙酸二钠盐	0.06
双（羟甲基）咪唑烷基脲	0.2
香精	0.03
去离子水	120

【制备方法】

（1）将乙二胺四乙酸二钠盐、尿囊素、去离子水搅拌溶解均匀后，加热至95℃，灭菌20min。

（2）将步骤（1）所得溶液冷却至室温，在搅拌的情况下加入烟酰胺、D - 泛醇和丙烯酸铵和丙烯酰胺共聚物/聚异丁烯/聚山梨酸酯，搅拌溶解均匀。

（3）将透明质酸均匀分散在丁二醇中，然后在搅拌的情况下慢慢加入步骤（2）所得的溶液中，充分搅拌至透明质酸完全溶解。

(4)将甘油聚甲基丙烯酸酯(和)丙二醇(和)PVM/MA 共聚物在搅拌下缓慢加入步骤(3)所得溶液中,充分搅拌至形成均匀的半流动性乳状液。

(5)分别将纳米金、聚甲基硅倍半氧烷、甘油聚甲基丙烯酸酯(和)丙二醇(和)PVM/MA 共聚物、咖啡因脂质体液、维生素醋酸酯、氮酮、双(羟甲基)咪唑烷基脲和香精加入步骤(4)形成的半流动性乳状液中,搅拌均匀后,即得成品。

【产品应用】 本品主要用作护眼化妆品。

【产品特性】 本品利用纳米金粒子与各组分良好的相容性,且由于金粒子极为细密,很容易就能透过人体微血管将纳米金带到皮下组织,在防皱和保湿方面具有明显功效。此外,纳米金元素可活化并平衡红细胞,使肌肤净白,更为柔嫩。

实例7 护眼化妆品(2)

【原料配比】

原　　料		配比(质量份)			
		1#	2#	3#	4#
A 相	珍珠水解物	2	5	4	4
	乙二胺四乙酸二钠	0.5	0.1	0.2	0.2
	对咪唑烷基脲	0.1	0.5	0.3	0.4
	水	0.5	0.2	0.4	0.3
B 相	甘油	10	3	6	5
	芦荟胶	2	8	4	6
	海藻提取物	5	2	3	3
	水	10	20	17	14
C 相	卡波树脂	1	0.2	0.6	0.7
	去眼袋收敛素	0.2	1	0.4	0.5
	弹性蛋白	0.5	0.2	0.3	0.3

原　料		配比（质量份）			
		1#	2#	3#	4#
C 相	胶原蛋白	0.2	0.5	0.4	0.3
	卵磷脂	0.5	0.2	0.3	0.4
	水	40	50	43	48
D 相	金缕梅提取液	10	3	8	6
	三乙酸铵	0.3	1	0.6	0.5

【制备方法】

(1)将珍珠物水解、乙二胺四乙酸二钠、对咪唑烷基脲和水混匀，搅拌加热至45～65℃溶解；过滤除渣，冷却至35～45℃，搅拌均匀，制得 A 相。

(2)将甘油、芦芭胶、海藻提取物和水混匀，搅拌加热至45～65℃溶解，过滤除渣，制得 B 相。

(3)将去眼袋收敛素、弹性蛋白、胶原蛋白、卵磷脂和水混匀，搅拌加热至45～65℃溶解；过滤除渣，冷却至35～45℃加入卡波树脂，搅拌溶解均匀，得 C 相。

(4)将步骤(1)和(2)分别制得的 A 相和 B 相，加入步骤(3)制备的 C 相，搅拌均匀，静置。

(5)将 D 相中的金缕梅提取液加入步骤(4)所得物料中，搅拌均匀，静置消泡；再加入三乙醇铵，搅拌均匀，即得成品。

【产品应用】　本品是一种护眼用化妆品。

【产品特性】　本护眼用化妆品配方中无油组分，富含珍珠提取精华、去眼袋收敛素及抗皱保湿因子，采用先进生物技术配制而成。精确掌握好各活性组分所耐最高温度要求，避免高温对活性的影响。配方稳定性佳，性能好。肌肤易吸收，眼部肌肤零负担，不添加香精、色素，为肌肤减压，回归自然。

实例8　活肤眼霜

【原料配比】

原　　料		配比（质量份）		
		1#	2#	3#
油相	霍霍巴油	5.0	3.5	4.0
	橄榄油	1.0	0.5	0.7
	合成角鲨烷	2.0	1.0	1.5
	二甲基硅油	2.0	1.0	1.5
	维E油	1.2	1.0	1.1
	乳木果油	3.0	2.0	2.5
	十八醇	2.0	1.5	1.7
	硬脂酸单甘油酯	1.7	1.4	1.6
	羟基苯甲酸丙酯	0.2	0.1	0.15
	甲基葡萄糖苷倍半硬脂酸	1.2	0.1	1.1
	甲基葡萄糖苷聚乙二醇-20醚倍半硬脂酸酯	1.8	1.1	1.5
水相	甘油	3.0	2.0	2.5
	卡波940	0.2	0.1	0.2
	蒸馏水	70.2	80.4	74.4
大豆肽		1.5	1.0	1.3
氧化还原酶（SOD）		1.8	1.0	1.4
水解米糠蛋白		1.7	1.0	1.3
杰马防腐剂（咪唑烷基脲）		0.3	0.2	0.25
香精		0.2	0.2	0.2

【制备方法】

（1）将霍霍巴油、橄榄油、合成角鲨烷、二甲基硅油、维E油、乳木果油、十八醇、硬脂酸单甘油酯、羟基苯甲酸丙酯、甲基葡萄糖苷倍半硬脂酸、甲基葡萄糖苷聚乙二醇 – 20 醚倍半硬脂酸酯、卡波 940、蒸馏水称重后加热至 75℃搅拌溶解。

（2）将水相原料缓慢倒入油相原料中充分搅拌均匀，待温度降低到 40℃时，加入大豆肽、氧化还原酶、水解米糠蛋白、杰马防腐剂搅拌均匀用三乙醇胺调节 pH 值至 6.5，加入香精均质乳化 30min 出料，即得成品。

【产品应用】 本品主要适用于消除黑眼圈和深度皱纹。

【产品特性】 本品具有积极促进眼部血液循环，能够保护胶原蛋白以及弹性蛋白等基础支撑组织；能够清除多余自由基离子；抵御自由基等结缔组织退化，增强眼部细胞活力性能，具有改善眼部黑眼圈和眼袋的功效。

实例9 睫毛膏

【原料配比】

原 料		配比（质量份）		
		1#	2#	3#
A 相	微晶蜡	2	4	5
	蜂蜡	1	2	3
	EM97	1	2	4
	二甲基硅氧烷	3	5	3
C 相	八甲基环四硅氧烷	10	10	12
	聚甲基丙烯酸甲酯	3	10	15
	尼泊金酯	适量	适量	适量
	氧化铁黑	15	10	15
B 相	去离子水	至 100	至 100	至 100
	丙二醇	5	3	5
	三乙醇胺	2	2	3

原　　料		配比（质量份）		
		1#	2#	3#
B 相	尼泊金甲酯	适量	适量	适量
	苯乙烯/丙烯酸/甲基丙烯酸铵盐共聚物	5	15	20
D 相	香精	适量	适量	适量

【制备方法】

（1）将 A 相加热到 83℃，全部熔化，搅拌均匀。

（2）将 B 相加热到 83℃，将 C 相加入 B 相，搅拌均匀，三辊研磨三遍，混合均匀，恢复温度到 83℃。

（3）将 B 相、C 相混合，在 83℃时缓慢加入 A 相中，并均质 5min。

（4）将 E 相加入 A、B、C 乳化液中均质 3min，保温 30min，再降温至 45℃。

（5）加入 D 相，搅拌均匀，出料，即得成品。

【产品应用】　本品主要用作睫毛膏。

【产品特性】　本品膏体涂抹均匀，防水效果好，且上妆持久。

实例10　眉毛膏

【原料配比】

原　　料	配比（质量份）
凡士林	20
地蜡	38
羊毛脂蜡	10
巴西棕榈蜡	5

原　料	配比（质量份）
白油	8
十八醇	10
角鲨烷	5
色素炭黑	10
斯盘 - 80	5
香精	0.01

【制备方法】

（1）在三辊机里加入白油、角鲨烷、凡士林及色素炭黑经研磨制成均匀的颜料浆。

（2）将除香精以外的其他原料放入锅内加热熔化，在搅拌下加入步骤(1)所述颜料浆，加入香精，充分搅匀，脱气后再热熔状态下浇入模子里制成笔芯，冷却后将笔芯装在细长的金属或塑料管内，使用时将笔芯推出即可。

【产品应用】 本品主要用作眉毛膏。

【产品特性】 本品油地蜡，凡士林，巴西棕榈蜡等与其他原料在热熔状态浇入模子制成眉笔芯。本品软硬适度，容易涂抹，使用时不断裂等特点。

实例11 天然植物眼霜

【原料配比】

原　　料	配比（质量份）		
	1#	2#	3#
生药浓缩液	50	59.45	40
蜂蜜	5.4	7	4
三乙醇胺	10	0.5	1.9

续表

原　　料		配比（质量份）		
		1#	2#	3#
对羟基苯甲酸甲酯		0.1	0.05	1.8
丙二醇		10	5	14
羊毛脂		5	8	3
硬脂酸		15	10	17
甘油硬脂酸酯		2	2.9997	1
肉豆蔻醇		0.5	1	0.3
矿物油		8	5	11.9999
棕榈酸异丙酯		2.99998	1	5
麝香		0.00002	0.0003	0.00001
生药浓缩液	人参	2.5	4	5
	干地黄	7	9	5
	麦冬	7	4	2.5
	五味子	7	9	5
	茺蔚子	7	9	5
	楮实子	7	10	5
	枸杞	7	10	5
	白芍	7	5	8.5
	石斛	7	5	9
	当归	7	5	9
	女贞子	7	5	9
	决明子	7	5	9
	勾滕	7.5	5	9
	菟丝子	6	5	9
去离子水		加至100	加至100	加至100

【制备方法】

(1)将人参、干地黄、麦冬、芦荟、五味子、茺蔚子、褚实子、枸杞、白芍、石斛、当归、女贞子、决明子、勾藤、菟丝子加去离子水浸泡 30min,煎煮两次,第一次加水量 12 倍煎煮 1h,取煎煮液另放,第二次加水量 6 倍煎煮 40min 过滤,合并二次滤液浓缩至上述各原料质量之和的 1.5～2.5 倍,加 2 倍于上述浓缩液质量的 95 乙醇,再将乙醇回收,加相当于浓缩液量2%～3%的活性炭脱色,冷冻24h后,过滤,取滤液浓缩至制备生药浓缩液各原料质量之和的 1.5～2.5 倍,即得生药浓缩液。

(2)将生药浓缩液、蜂蜜、三乙醇胺、对羟基苯甲酸甲酯、丙二醇、羊化脂、硬脂酸、甘油单硬脂酸酯、肉豆蔻醇、矿物油、棕榈酸异丙酯、麝香混合均匀,即得成品。

【产品应用】　本品是一种天然植物霜剂。

【产品特性】　本品能防治近视眼,并对眼部有较好的护理作用。

实例 12　添加珍珠水解液脂质体的眼霜

【原料配比】

原　　料	配比(质量份)	
	1#	2#
珍珠水解液脂质体	8.0	5.0
丁二醇	5.0	5.0
角鲨烷	2.0	3.0
鲸蜡硬脂醇	2.5	2.5
椰油基葡糖苷	4.0	2.0
碳酸二辛酯	3.5	4.0
霍霍巴油	2.0	2.5
聚二甲基硅氧烷	2.5	2.0

续表

原　料	配比（质量份）	
	1#	2#
维生素 E	1.0	1.0
硬脂酸甘油酯	1.5	1.0
丙烯酸（酯）类/VP 共聚物	1.0	0.7
PEG-100 硬脂酸酯	2.0	2.5
双咪唑烷基脲	0.5	0.5
咖啡因包裹物	1.0	1.0
透明质酸	0.2	0.1
红没药醇	0.1	0.2
香精	0.01	0.02
去离子水	63.19	66.98

【制备方法】

（1）将角鲨烷、鲸蜡硬脂醇、椰油基葡糖苷、碳酸二辛酯、霍霍巴油、聚二甲基硅氧烷、硬脂酸甘油酯、PEG-100 硬脂酸酯混合搅拌并加热至70~85℃得到油相混合物；将丙烯酸（酯）类/VP 共聚物用少量去离子水浸泡4~6h，然后与丁二醇以及剩余去离子水混合均匀并加热至70~85℃得到水相混合物；

（2）将油相混合物、维生素 E 加入水相混合物中高速乳化均质5~10min；冷却至40~60℃加入双咪唑烷基脲、咖啡因包裹物、透明质酸、红没药醇、香精和珍珠水解液脂质体继续搅拌10~20min，出料，即得成品。

【产品应用】 本品主要用于缓解眼部疲劳，改善眼部肌肤的血液循环，促进新生细胞的合成，提高眼部胶原蛋白和弹性纤维的含量。

【产品特性】 本品由于添加了珍珠水解液脂质体，有效地利用珍珠中的有效成分和多种活性营养物质，从而达到祛除眼部的黑眼圈、眼袋以及皱纹等美容效果。

实例13 维生素焕彩眼霜

【原料配比】

原　料	配比（质量份）	
	1#	2#
增稠剂卡波20	0.5	0.75
保湿剂1,3-丁二醇	2.5	2.0
润湿剂透明质酸	2.0	2.0
海藻灵	3.0	3.0
维生素B	3.0	3.0
焕彩粒子	0.5	0.35
氢氧化钾(10%)	适量	适量
去离子水	加至100	加至100

【制备方法】

(1)将卡波20慢慢溶于去离子水中,然后缓慢滴加10%氢氧化钾溶液直至溶液pH值达到6.5且形成透明、黏稠适中的胶体体系。

(2)将1,3-丁二醇加入上述透明体系中,充分搅拌均匀,使其成为均一的透明体系,即为体系1。

(3)将透明质酸慢慢加入搅拌下的去离子水中,磁力搅拌机速度切不可过快,充分搅拌使其成为均一的胶体。

(4)将步骤(3)制备的透明质酸胶体加入体系1中,充分搅拌,使其形成均一的透明体系,即为体系2。

(5)将生物活性成分海藻灵及维生素B慢慢加入体系2中,充分搅拌,形成均匀的体系,即为体系3。

(6)将焕彩粒子撒在体系3表面,用搅拌机缓慢搅拌,使焕彩粒子均匀分散在体系中,最终制备出维生素焕彩眼霜。

【产品应用】 本品主要用于眼部肌肤,可改善干燥肌肤且淡化细纹。

【产品特性】 原料选择合理,成本较为低廉;制作工艺简单,操作方便;市面上大多数眼霜都是乳化体系中的水包油设计,但是涂抹后普遍感觉较为黏腻并不舒服,而水溶性体系设计则避免了这一弊端,适用人群更广泛;含有透明质酸,保湿、润肤效果显著;眼霜体系稠度适中,焕彩粒子均匀分散于体系中且没有沉降现象;控制了搅拌速度,气泡较少。

实例14 眼霜

【原料配比】

	原　　料	配比(质量份)
A 相	硬脂酸	2.0
	S2 型鲸蜡硬脂醇醚	0.29
	S21 型鲸蜡硬脂醇醚	0.49
	十六醇	5.0
	白油	8.8
	DC200 型硅油	0.7
	维生素 E	0.5
B 相	纯天麻粉	1.0
	珍珠粉	1.0
	对羟基苯甲酸甲酯	0.025
	对羟基苯甲酸丙酯	0.025
	三乙醇胺	0.2
	去离子水	100
香精		0.01

【制备方法】

将 A 相和 B 相分别加热到 75～80℃;把 B 相加入 A 相,充分搅拌至温度冷却至45℃,物料整体乳化;再加入香精,并继续搅拌至室温,分装成盒 15g/盒,即得眼霜产品。

【产品应用】　本品是一种眼霜。

【产品特性】　本品具有改善眼部血液循环,消除黑眼圈的作用。

实例15　用于消除眼部假性皱纹的乳霜制剂

【原料配比】

原　　料	配比（质量份）
水	69.1
丙二醇	8
硬脂醇	5
聚山梨醇酯 – 60	4
甘油硬脂酸酯	4
山梨坦硬脂酸酯	3
维生素 E	2
二棕榈酰羟脯氨酸	2
霍霍巴油	1
薰衣草油	0.1
辅酶 Q10	0.5
尿囊素	0.3
极大螺旋藻提取物	0.5
双羟甲基咪唑烷基脲	0.5

【制备方法】

(1)将辅酶 Q10 加入 3 份丙二醇中,搅拌溶解备用。

(2)将硬脂醇、聚山梨醇酯 – 60、甘油硬脂酸酯、山梨坦硬脂酸酯混合加热至 80～85℃,保温 30min 后,加入二棕榈酰羟脯氨酸、霍霍巴油和维生素 E。

（3）将水、5 份丙二醇混合加热至 90℃，保温 30min 后，加入尿囊素。

（4）将水相物料与油相物料混合，均质 15min，开始降温。

（5）温度降至 43℃时加入极大螺旋藻提取物、双羟甲基咪唑烷基脲、薰衣草油和预分散物料，搅拌均匀，即得成品。

（6）温度降至 38℃时可以出料，即得成品。

【产品应用】 本品是一种用于消除眼部假性皱纹的乳霜制剂。

【产品特性】 本品可通过皮肤渗透提高眼部肌肤的抗氧化能力，补充所需营养成分，从而消除假性皱纹。

实例16 祛纹、祛眼袋及祛黑眼圈的多功能眼霜

【原料配比】

原　　料		配比（质量份）				
		1#	2#	3#	4#	5#
A 相	去离子水	56	57.5	57.5	57.5	56.5
	甘油	8	8	9.5	9	9
	啤酒酵母菌提取物	4	3.5	3	3	3
	苦橙花提取物	3.5	3	2.5	2.5	2.5
	甜扁桃籽提取物	3	2.5	2	2	2
	氯化钠	0.5	0.5	0.5	0.5	0.5
B 相	环聚二甲基硅氧烷	18	18	18	18	18
	聚二甲基硅氧烷交联聚合物	5	5	5	5	6
	聚硅氧烷-13	1.5	1.5	1.5	2	2
	红没药醇	0.2	0.2	0.2	0.2	0.2
C 相	防腐剂	0.2	0.2	0.2	0.2	0.1
	香精	0.1	0.1	0.1	0.1	0.1

【制备方法】

（1）将 A 组分和 B 组分分别加热至 75～80℃使全部溶解完全。

（2）将 A 组分所形成的混合溶液缓慢加入处于搅拌状态的 B 组分混合溶液中,并使其呈均质状态。

（3）保温消泡 20～30min 后,将其降温至 35～40℃。

（4）加入 C 组分,使其均质,搅拌使降温至 30～35℃出料,即得成品。

【产品应用】 本品是一种具有抗皱纹、去眼袋及去黑眼圈的多功能眼霜。

【产品特性】 本品配方合理,制备方法简单,无须特殊加工设备;抗皱、去黑眼圈效果显著。

实例17 奥斯曼眼部化妆品

【原料配比】

原　　料	配比（质量份）		
	1#	2#	3#
奥斯曼（菘蓝）鲜叶	40	50	60
黑种草籽	5	7	10
诃子	5	10	15
侧柏叶	10	13	15
何首乌	10	13	15
阿拉伯树胶	1	2	3
尼泊金乙酯	0.05	0.15	0.25
保湿剂透明质酸	2	5	7
群青	3	5	7
医用乙醇(95%)	35	40	45
蒸馏水	适量	适量	适量

【制备方法】

1. 液体的制备

(1)将奥斯曼(菘蓝)鲜叶打成泥浆除叶渣,经过挤压即得叶汁。

(2)将黑种草籽、诃子、侧柏叶、何首乌四味药粉碎过筛,充分混匀,加入蒸馏水用文火加热2h后抽滤即得滤液;将剩余药渣加入蒸馏水用文加热1.5h后抽滤即得滤液;再将其剩余药渣用同样方法制得滤液;然后将三次滤液混匀,进行减压浓缩后加入阿拉伯树胶即得提取液。

(3)将步骤(1)所得叶汁与步骤(2)所得提取液充分混合均匀,加入防腐剂尼泊金乙酯、保湿剂透明质酸、群青,充分混匀,加入医用乙醇在5℃静止2d后进行离心约15min,即得成品。

液体眉笔可采用自来水软笔的方式,将眉笔液体灌入自来水软笔中使用。

2. 膏体的制备 将奥斯曼(菘蓝)叶汁与黑种草籽、诃子、侧柏叶、何首乌四味药三次提取液充分混合均匀,再进行减压浓缩成膏状,加入眼线笔基质中,按常规眼线笔的压制方法制成硬眼线笔。

【产品应用】 本品含有促进眉毛发育的天然鞣酸活性成分,能够弥补毛囊细胞中SOD的不足,长期使用有助眉毛生长。

【产品特性】 本品配方科学,适合工业化生产;产品包括液体眉笔和硬眼线笔,可满足不同使用要求,效果理想,并且无毒副作用。

实例18 浓眉化妆品

【原料配比】

原 料	配比(质量份)		
	1#	2#	3#
乌斯曼红花油提取液	30	49	60
乌斯曼汁	57	适量	30
胱氨酸	0.5	0.4	0.4
吐温-80	1	1	1

原　　料	配比（质量份）		
	1#	2#	3#
斯盘－20	1	1	1
脂肪酸蔗糖酯	1	1	1
三乙醇胺	5	—	—
CMC－Na	0.2	0.2	0.2
甘油	5	5	5
氮酮	—	1	1
尼泊金乙酯	0.2	0.2	0.2
色素	1	1	1
抗氧剂	0.2	0.2	0.2
香精	适量	适量	适量

【制备方法】

（1）取新鲜乌斯曼的叶子净选、消毒、清洗、晾干,用高速组织捣碎机捣碎,过滤取汁。

（2）将过滤后叶渣挤尽水分,加入 2 倍量的红花油,水浴煮沸0.5h,过滤去渣,向滤液中加入脂肪酸蔗糖酯、斯盘－20、氮酮、抗氧剂搅拌溶解,温度保持在 80℃。

（3）取步骤（1）所得乌斯曼汁,在水浴中煮沸（温度 100℃）5min,加入吐温－80、甘油、抗氧剂（水性）、色素、CMC－Na、胱氨酸、三乙醇胺、尼泊金乙酯,搅拌溶解,温度保持在 80℃。

（4）将步骤（2）、（3）所得液体倒入高速组织捣碎机中取慢速乳化2min,待温度降至 40℃,加入香精即可。

本品在工艺上要注意以下两点:乳化速度,搅拌器的转速要达到2000r/min 以上,这样形成的乳剂油滴小而均匀,稳定性好,若采用胶体磨效果更佳;乳化时间,以 2min 为宜,乳化完全,成品稳定。时间过长会使小油滴重新聚集,形成大颗粒,稳定性下降;时间过短则乳化不完全,稳定性也差。

【产品应用】　本品具有染眉、生眉、养眉等多种功能。

【产品特性】　本品原料易得,配比科学,采用独特工艺精细加工而成,使用效果理想,无任何毒副作用及不良反应,安全可靠。

本品是水包油型乳浊剂,采用这种剂型有以下优点:

(1)涂展性好,利于皮肤吸收。克服了眉笔的机械摩擦作用和固体药剂不易吸收的缺点,防止脱眉,有利于营养的吸收。

(2)光泽好。大多数染发剂都是以水和醇为溶媒的,不含油,故染出的毛发没有光亮度,而本品含有油,可使眉毛具有适宜的光泽度。

(3)保护毛发。本品是水包油型乳浊液,它的外相水分容易被毛发吸收,破乳后形成油层薄膜,残留于毛发上可起到保持毛发水分的作用。

实例19　抗皱眼膜

【原料配比】

原　　　料	配比(质量份)	
	1#	2#
甘油	4	2
透明质酸	0.13	0.1
卡波940	0.17	—
卡波941	—	0.1
保湿剂 D - 葡聚糖	1	0.3
水解小麦蛋白	1	0.3
半乳甘露聚糖	2	1.2
羟基苯甲酸甲酯	0.2	0.1
蒸馏水	91.3	95.8
三乙醇胺	适量	适量
香精	0.2	0.1

注　1#产品适用于眼皱较深者;2#产品适用于眼皱较浅者。

【制备方法】

(1)将甘油、透明质酸、卡波940(提前溶解好)或卡波941、保湿剂D－葡聚糖、水解小麦蛋白、半乳甘露聚糖、羟基苯甲酸甲酯依次加入蒸馏水中,充分搅拌均匀后,用三乙醇胺调节pH值至6.5,再加入香精混合均匀。

(2)将步骤(1)所得溶液注入已消毒的有眼膜纸的袋中,用封口机封好即得成品。

【产品应用】　本品是一种抗皱眼霜,一般7~20d可见到明显效果,并使皮肤干爽、光滑。

【产品特性】　本品原料易得,配比及工艺科学合理,成本较低,适合工业化生产,市场前景广阔。

产品所含水解小麦蛋白、半乳甘露聚糖是从植物原料提取的活性抗皱成分,该成分与皮肤黏多糖具有极佳的亲和性,其作用效果持久,可以和迄今为止已知效果最强的球蛋白相媲美,并消除球蛋白应用时黏腻、粗糙的感觉;由于加入保湿剂D－葡聚糖,应用于皮肤表面时,不仅可防止皮肤水分散失,还能够从外界环境中吸收水分,有利于水溶活性物向皮肤渗透;由于本品以水溶活性组分为主,故易于渗透至皮肤中,见效快,效果理想。

实例20　祛皱眼霜

【原料配比】

原　　料		配比(质量份)		
		1#	2#	3#
油相	霍霍巴油	5	4	3
	橄榄油	1	0.7	0.5
	合成角鲨烷	2	1.5	1
	维E油	1	0.7	0.2
	乳木果油	2	1.5	1
	十八醇	2.5	1.5	1.2

原　　料		配比（质量份）		
		1#	2#	3#
油相	硬脂酸单甘油酯	1.5	1.3	1
	羟基苯甲酸丙酯	0.2	0.15	0.1
	甲基葡萄糖苷倍半硬脂酸酯	1.2	1.1	1
	甲基葡萄糖苷聚乙二醇－2－醚半硬脂酸酯	1.8	1.4	1
水相	甘油	2	1.5	1
	卡波940	0.2	0.15	—
	卡波941	—	—	0.1
	羟基苯甲酸甲酯	0.2	0.15	0.1
	蒸馏水	75.2	81.6	87.5
	D－葡聚糖	1	0.7	0.5
	水解小麦蛋白	1	0.7	0.3
	半乳甘露聚糖	2	1.2	0.4
	香精	0.2	0.15	0.1

注　1#适用于眼部皱纹较深者,2#适用于眼部皱纹较浅者,3#适用于日常皮肤护理。

【制备方法】

(1)称取油相原料混合后加热至75℃搅拌溶解。

(2)称取水相原料甘油、卡波、羟基苯甲酸甲酯、蒸馏水混合后加热至75℃搅拌均匀。

(3)将步骤(2)所得水相倒入步骤(1)所得油相中,缓慢搅拌冷却至30℃,加入D－葡聚糖、水解小麦蛋白、半乳甘露聚糖,用三乙醇胺调节pH值至6.5,再加入香精,在均质器中研合3min后出料,即得成品。

【产品应用】 本品能够祛除眼部皱纹,同时具有保湿、平滑肌肤的功效。

【产品特性】 本品设备投资少,工艺简单,适合工业化生产,市场前景广阔。

实例21 祛皱眼贴

【原料配比】

原 料	配比(质量份)		
	1#	2#	3#
芦荟浓缩原汁	350	370	350
杏仁	340	370	360
玉竹	290	320	290
胶原蛋白冻干粉	80	120	100
玫瑰	380	420	410
甘草酸二钾	16	17	15
羧甲基纤维素钠	55	47	51
水溶性氮酮	120	110	105
防腐剂	16	17	16
水	8353	8209	8303

【制备方法】

(1)称取以上玫瑰、杏仁、玉竹各味药材,加水煎煮两次,溶剂倍数分别为 12 倍、10 倍,煎煮时间依次为 2h、1.5h,滤过,合并滤液,常压浓缩至 10000mL 浓缩水剂,备用。

(2)向步骤(1)所得物料中加入芦荟浓缩原汁、胶原蛋白水解液、甘草酸二钾、羧甲基纤维素钠、水溶性氮酮、防腐剂,溶解,搅拌均匀,将非织造布浸入即可。

(3)检验,包装,辐照灭菌,消毒,即得成品。

【产品应用】 本品能够给眼部肌肤及时补充足够的营养和水分,减轻和预防眼部皱纹的生成,有效祛除和淡化多种原因引起的眼袋、黑眼圈,同时可以舒缓眼部疲劳,令眼部肌肤变得光洁细嫩。青少年及中老年女性均适用。

【使用方法】 每次取一贴,洁肤后,将眼贴敷于眼部 15~30min,让眼部皮肤充分吸收营养后,用清水清洗即可。适合每天使用。

【注意事项】 每次敷眼时间最好不超过 30min;本品不能替代药品;皮肤有外伤者慎用;皮肤过敏者慎用;本品适宜放在阴凉处,以保持其最佳效果;皮肤有不适反应者请暂停使用。

【产品特性】 本品原料易得,配比科学,工艺简单,使用方便,功效显著,无任何毒副作用及不良反应。

第四章 疗效化妆品

实例1 粉刺膏

【原料配比】

原 料	配比（质量份）
人参	15
白芨	25
皂角	25
芦荟	50
白术	15
山甲	25
白果	25
角霜	50
乳香	25
草果	25
黄芪	25
三七	15
凡士林	150
甘油	50
水	适量

【制备方法】

（1）将黄芪、芦荟、白果、乳香、三七、白芨、白术、草果放入高压药釜中，加入水煎熬，烧至沸腾后，文火煎熬4h，将药液盛出装入容器中。

（2）将人参、皂角、山甲、角霜研成细末，放入药液的容器中。

（3）再将药液文火煎1h，倒入容器内沉淀后，将上面液体倒掉，冷却即成稠膏状药品制剂。

(4)向药品制剂中加入凡士林、甘油,搅拌均匀即得成品。

【注意事项】 原料中的人参调营生津;白芨、皂角敛痈生肌;芦荟、白芷消炎去瘀;山甲、香附、角霜排脓开郁;乳香、白果、草果增白养颜,调节皮脂腺分泌,改善血液循环;黄芪、白术健脾利湿,托疮生肌;三七和诸药搭配有活血化瘀、杀菌止痛的功效。

【产品应用】 本品用于治疗粉刺、酒刺、风刺、酒糟鼻、红血丝、面部瘀斑等症,同时具有护肤养颜、增白皮肤、消除疤痕的作用。

【使用方法】 将本品敷于患处,每日 1~2 次,7d 见效。

【产品特性】 本品配方合理,使用方便,起效迅速,疗程短,治愈率高(可达 95% 以上),愈后不易复发,无毒副作用。

实例2 痤疮粉刺乳膏

【原料配比】

原　料	配比(质量份)		
	1#	2#	3#
黄柏	150	140	160
黄芩	150	160	140
大黄	150	140	160
泽兰叶	150	160	140
珍珠	150	140	160
芙蓉叶	200	210	190
麝香	12	10	14
硼砂	50	60	40
麻油	150	140	160

【制备方法】 将以上各原料去杂除尘,清洗后粉碎,用胶体磨研磨,制成 200~300 目乳膏,分装即可。

【产品应用】　本品具有祛斑生肌、脱脂消炎、活血化瘀等功效,可用于治疗粉刺、痤疮、雀斑、黄褐斑、色素沉着、鼻赤、酒糟鼻、痤疮留下的红印、黑斑及各种皮炎。

【使用方法】　每晚用药 1 次,擦于患处,保持 10h。

【产品特性】　本品成本低,工艺便于实施;采用纯中药配方,配比科学,使用方便,效果显著,不易复发,对人体无毒副作用。

实例3　护肤粉刺膏

【原料配比】

原　　料	配比(质量份)
黄芪	20
川芎	20
白术	10
白果	10
冰片	5
麦冬	5
半夏	5
银花	15
滑石	5
利菌沙	5
乙醇(95%)	适量

【制备方法】　将以上各中药原料经干燥、粉碎后,用 95% 乙醇浸提,过滤后,再将药粉用水煎煮;合并以上提取液,充分搅拌后,加入利菌沙,配制成膏剂即可。

【注意事项】　各中药原料能够活血行血、消热解毒、去火消肿,调节皮肤内环境等;西药利菌沙能够抑制并杀灭粉刺局部棒状杆菌,抑制细菌内脂肪酸酶的合成及其活性,防止甘油三酸酯水解成游离脂肪酸,避免毛囊壁受到破坏,并且避免毛囊炎的产生。

【产品应用】 本品为外用搽剂,具有调节皮脂腺分泌,保持皮脂腺导管通畅,恢复皮肤正常代谢的功效,可以在对面部皮肤粉刺进行治疗的同时,对局部皮肤进行嫩肤保养。

【产品特性】 本品原料易得,工艺简单,中西药配伍合理,使用效果显著,远期疗效好,且用后不易导致皮肤毛孔变粗大及皮肤粗糙等。

实例4 粉刺痤疮乳

【原料配比】

原　料		配比(质量份)
水相	银花	100
	连翘	80
	生石膏	10
	防风	100
	荆芥	100
	白藓皮	15
	王不留行	15
	白芨	15
	芦荟	100
	蜂蜜	5
	珍珠粉	5
	过氧化苯甲酰	0.01~15
	维生素 B_1	0.2
	维生素 B_2	0.2
	维生素 B_6	0.05
	维生素 A	50000 单位
	维生素 D	5000 单位

原　　料		配比(质量份)
油相	凡士林	10
	羊毛脂	10
	硬脂酸	15
	十八醇	20
	单硬脂酸甘油酯	10
	甘油	15
	香料(精)	0.5
	十二烷基硫酸钠	5
	尼泊金乙酯	0.5

【制备方法】

(1)制备中草药提取液:将银花、防风、荆芥加水后浸泡12～24h,用水蒸气蒸馏法得蒸馏液。另将连翘、生石膏、白藓皮、王不留行、白芨、芦荟加水煎煮,提取水提取液;将水提取液浓缩至每毫升含中草药2g,加乙醇4倍量,使药液中含乙醇量达到80%左右,此时蛋白质、淀粉等不溶物、杂质可产生沉淀,静置24h使沉淀完全,取其上清液,低温回收乙醇,然后加入注射用水,使其产生沉淀;过滤以分离不溶于水的杂质,取其过滤液备用;然后提取蒸馏液,将以上两种方法获得的蒸馏液按比例提取,共计670份(体积份)备用。

(2)将中草药提取液加入蜂蜜、珍珠粉、维生素 B_1、维生素 B_2、维生素 B_6、维生素 A、维生素 D、过氧化苯甲酰,所得作为水相。

(3)将十二烷基硫酸钠加入步骤(2)所得水相中,再加入甘油,加热至80℃时加入油相其他固体原料并搅拌,当温度达到100℃时停止加热,继续搅拌,冷却至60℃时加入香精,充分搅拌,放置冷却后,灌装即可。

【产品应用】　本品具有活血化瘀、清热解毒的功效,能够抑制细菌的生长繁殖,溶解已角化的毛囊,使皮脂易于排出,并能降低皮脂腺的泌脂功能。主要用于治疗粉刺、痤疮,同时具有美容护肤作用。

【产品特性】 本品原料易得,工艺便于实施;配方合理,使用效果显著,并且对人体无毒副作用,安全可靠。

实例5 粉刺霜

【原料配比】

原 料		配比(质量份)		
		1#	2#	3#
基质	十六醇(或十八醇、硬脂酸)	38	45	50
	对羟基苯甲酸乙酯	0.03	0.01	0.05
	单硬脂酸甘油酸	14	10	7
	白油	27	32	17
	甘油	20.97	12.99	25.95
粉刺霜	基质	29	45	35
	2,6,6 - 三甲基 - 1 - 环己烷	0.07	0.15	0.2
	氯霉素	0.5	0.08	0.3
	己烯雌酚	0.002	0.002	0.002
	水	70.421	54.763	64.494

【制备方法】

(1)将制备基质所需的各组分混合,搅拌制成基质。

(2)将基质、2,6,6 - 三甲基 - 1 - 环己烷、氯霉素、己烯雌酚混合搅拌均匀,加入水,混合搅拌均匀即得成品。

【注意事项】 以上所述基质中各组分及质量配比范围是:十六醇或十八醇或硬脂酸 35~50、对羟基苯甲酸乙酯 0.01~0.05、单硬脂酸甘油酸 6~15、白油 17~35、甘油 10~28。

【产品应用】 本品主要用于治疗粉刺、痤疮。

【产品特性】 本品工艺简单,配方合理,使用效果显著,不易复发,安全可靠。

实例6 换肤粉刺霜

【原料配比】

原　　料		配比(质量份)
油相	硬脂酸	10
	单硬脂酸甘油	0.8
	十六醇	1
	白油	1
	壬二酸	0.6
	维甲酸	0.1
	地塞米松	0.08
	氯霉素	0.2
水相	甘油	4
	果酸	10
	苛性钠	0.5
	三乙醇胺	0.5
	防腐剂	适量
	精制水	加至100

【制备方法】 将水相原料混合加热;将油相原料混合加热;将水相与油相进行乳化均质,冷却、储藏、灌装即为成品。

【注意事项】 以上述组分为基础,适当调整其成分配方,可配制成粉刺霜B,可当作护肤品长期使用,预防和巩固治疗,防止复发。壬二酸、维甲酸、果酸均具有使皮肤角质细胞粘连性减弱,使过多堆积的角质细胞脱落的功效。

【产品应用】 本品具有改变皮肤 pH 值,去除皮肤油脂,剥脱过多的角质细胞,降低皮肤黏度,杀菌以及调节人体内分泌的功效。主要用于治疗并预防粉刺,消除疤痕和色素沉着,使皮肤光洁细腻、富有弹性及活力。

【使用方法】 家庭使用时,每天晚上用换肤粉刺霜擦脸,晚上保留12h;早晨洗脸后使用粉刺霜 B。5d 后皮肤下颌部有少许脱皮,7d 左右粉刺逐渐消退。美容院使用时,给病人 1 袋换肤粉刺霜,每晚睡前擦,每天白天到美容院或医院用粉刺霜 B 作底霜,上粉刺面膜,连续使用 7d。粉刺治愈后,坚持用粉刺霜 B 每天擦脸 1 次,连续使用 3 个月。

使用本品治疗期间,病人应停止使用其他任何粉刺外用药和化妆品,少吃刺激性食物,忌烟酒,3 个月内不间断用药。个别病人会出现过敏反应,一般为皮肤红、痛。

【产品特性】 本品工艺无特殊要求,便于规模化生产;配方科学,集美容与治疗作用于一体,使用效果显著,不易复发。

实例7 草珊瑚粉刺露

【原料配比】

原 料	配比(质量份)	
	1#	2#
草珊瑚提取物	2	2
硼砂	3	2
聚乙烯醇	—	12
甘油	10	4
乙醇	—	5
蒸馏水	87	75
薄荷脑	1	1
植物香精	适量	适量

【制备方法】 将蒸馏水加热至80℃,依次加入草珊瑚提取物、薄荷脑、硼砂、聚乙烯醇使其溶解,冷却至38~45℃,然后加入甘油、植物香精,冷却至25~35℃,再加入乙醇,搅拌均匀,过滤,即得成品。

【注意事项】 草珊瑚提取物是用于面部化妆品的良好添加剂。对金黄色葡萄球菌及耐药菌株、痢疾杆菌、伤寒杆菌、付伤寒杆菌、大肠杆菌、绿脓杆菌等均有不同程度的抑制作用,具有杀菌、活血、去瘀、促进血液循环、减少细菌感染等功效。

【产品应用】 本品用于治疗和预防面部粉刺,并能够滋养皮肤。

【产品特性】 本品工艺简单,配方合理,将美容与医疗保健功能有机结合,使用效果显著;不含铅、汞、砷等有害物质,无任何毒副作用,安全可靠。

实例8 粉刺液

【原料配比】

原　　料	配比(质量份)		
	1#	2#	3#
金银花	26	20	30
栀子	4	7.5	2.5
蒲公英	—	4	6.26
千里光	5	3	—
野菊花	4	—	6
白藓皮	2.5	2	3
蛇床子	2.5	2	3
泽兰	2.5	2	3
细辛	2.5	2	3
冬瓜子	2.5	2	3
苍术	2.5	2	3
薄荷	2.5	—	3
升麻	2.5	2	3
防腐剂苯甲酸钠	适量	适量	适量
水	适量	适量	适量

【制备方法】

(1)将栀子、白鲜皮切厚片、干燥;千里光切段、干燥;泽兰润透,切段、干燥;苍术润透,切厚片、干燥;细辛喷淋水稍润,切段、阴干;薄荷喷淋水稍润,切段并及时低温干燥;冬瓜子碾碎;升麻略泡润透,切厚片、干燥。

(2)将各种中药原料混合后加入2倍量水浸泡2h,再进行水蒸气蒸馏,得馏出液,然后对蒸馏液进行第2次重蒸馏,在最后所得的馏出液中加入0.5%苯甲酸钠防腐剂,静置、过滤,所得的无色液体即为成品。

【产品应用】　本品主要用于治疗粉刺。

【使用方法】　用温水洗净患处后,将本药液局部涂抹于患处,每日3~5次。使用期间停用化妆品,少食油腻及辛辣食物。

【产品特性】　本品原料易得,工艺简单;配方合理,易于吸收,起效迅速,效果显著,用后感觉舒适,无明显不良反应,使用方便安全。

实例9　粉刺痤疮液

【原料配比】

原　　料	配比(质量份)
白花舌草	8
败酱草	7
黄芩	8
黄柏	8
苦参	7
玄参	7
荆芥	7
百部	8
三七	7

续表

原　　料	配比(质量份)
山慈姑	8
防风	8
蛇床	8

【制备方法】　将药材筛选、水洗、粉碎后浸泡5~7d,均匀混合后即可使用。

【产品应用】　本品为外用搽剂,用于治疗各种类型的痤疮、粉刺及皮疹。一般使用3~5d即可收到明显效果,有效率达100%。

【产品特性】　本品工艺简单,使用方便;产品为纯中药制剂,配方科学,针对性强,效果显著,无毒副作用,对人体无不良影响。

实例10　粉刺痤疮粉

【原料配比】

原　　料	配比(质量份)
珍珠母	34
西瓜霜	4
山豆根	14
浙贝母	10
黄连	11
黄芩	4
黄柏	10
冰片	3
白芨	10
胆汁粉	适量

【制备方法】

（1）将山豆根、浙贝母、黄连、黄芩、黄柏、白芨进行清洁纯净处理，在40℃的烘箱内烘10min，用粉碎机粉碎至100目。

（2）将西瓜霜、珍珠母、冰片研成粉末，备用。

（3）将猪苦胆晾干，研成粉末，即为胆汁粉。

（4）将以上各药粉在消毒锅内充分搅拌均匀，放入40℃的烘箱内烘焙5min，出箱后冷却，经紫外线灯照射10min后包装即可。

【产品应用】 本品具有祛风消炎、清热散结、消肿生肌等功效，主要用于治疗粉刺、痤疮以及由粉刺、痤疮引起的皮肤炎症、溃疡、囊肿等皮肤疾患，并可使皮肤洁白细腻。

【产品特性】 本品工艺简单，配方合理，使用方便，效果好，对人体无任何毒副作用。

实例11 养颜粉刺粉

【原料配比】

原　　料	配比（质量份）			
	1#	2#	3#	4#
珍珠	1.5	5	3	15
川贝母	10	40	12	8
天花粉	6	30	8	8
白茯苓	8	20	10	5
半夏	7	20	8	8
金银花	10	50	10	5
白芨	8	30	12	—
黄柏	7	30	8	6
黄连	4	10	7	1
人参	—	4	—	—
麝香	—	—	2	—

原　　料	配比（质量份）			
	1#	2#	3#	4#
红花	—	—	—	2
黄芪	—	—	—	5

【制备方法】 将以上药物洗净,晒干后将其研成粉末,混合,装袋即可。

【产品应用】 本品具有清热解毒、灭菌消炎、消肿止痒等功效。主要用于治疗粉刺,可使长粉刺后增厚的皮肤减薄,多余的脂肪得以顺利排出。适用于各个年龄段的患者。

【使用方法】 每晚临睡前洗净患处并擦干净,取本品3g置于掌心或容器内,用温开水或米醋或蜂蜜调成糊状涂抹于患部,早晨起床后洗去;15d 为一疗程。

用药期间忌食高脂肪、高糖、烟、酒等刺激性食物,忌用手挤压搔抓患部,忌滥用药物尤其是激素类药物。粉刺消失后尚需继续每周用药 1~2 次,以预防粉刺复发及消除色素沉积。

【产品特性】 本品成本低,工艺简单,使用方便,效果显著。

实例12　祛痘润肤乳

【原料配比】

原　　料	配比（质量份）		
	1#	2#	3#
蜂蜡	3	3.5	3.5
茶籽油	4	4.5	5
白油	3.3	3	3
羊毛脂	1	1.5	1
聚氧乙烯(2)硬脂基醚	2.22	2.33	2.42

原　料		配比（质量份）		
		1#	2#	3#
聚氧乙烯(21)硬脂基醚		1.78	1.85	2
保湿剂	聚乙二醇400	3	3	3
	甘油	5	5.86	5.5
硼砂		0.25	0.3	0.3
茶树油		0.52	0.98	1.52
吐温-80		1	1.2	1.2
尼泊金甲酯		0.2	0.18	0.2
水		74.73	71.8	71.36
乙醇		适量	适量	适量

【制备方法】

(1)将蜂蜡、茶籽油、白油、羊毛脂混合,将聚氧乙烯(2)硬脂基醚和聚氧乙烯(21)硬脂基醚乳化剂加入搅匀混合为 A 相;甘油、聚乙二醇 400、硼砂、水混合为 B 相,尼泊金甲酯溶于少量乙醇中后加入 B 相中;茶树油溶于吐温 -80 中为 C 相。

(2)将 A、B 相分别加热至 90℃,维持 20min 灭菌,将剪切乳化搅拌机灭菌。

(3)当 B 相降至 74~76℃,A 相降至 69~71℃时,将 A 相慢慢加入 B 相中并不断搅拌,维持温度于 70~75℃下剪切乳化 25min。

(4)乳化后搅拌冷却至 50℃加入 C 相;继续搅拌冷却至 40℃,包装即得成品。

【产品应用】　本品用于治疗青春痘、粉刺等,同时可使皮肤细腻,富有光泽及弹性。

【产品特性】　本品原料易得,配比科学,所含茶树油具有广谱抗菌性,对很多致病菌和真菌都有良好的杀菌能力,其杀菌能力比苯酚强 11～13 倍,能安全在皮肤上外用,对皮肤渗透性好;产品使用方便,功效显著,无毒副作用,不损伤皮肤,长期使用不复发。

实例13 祛痘霜

【原料配比】

原　　料		配比(质量份)
乳糖红霉素		25
甲硝唑		25
维生素 B_2		25
胡萝卜素		25
草本精华素		800
雪花膏		100
草本精华素	白芷	15
	黄芩	10
	白人参	10
	白茯苓	15
	金银花	10
	连翘	10
	葛根	10
	当归	10
	黄芪	10

【制备方法】

(1)制取草本精华素:将白芷、黄芩、白人参、白茯苓进行除杂、切制、粉碎、纯净处理,制成粒度为1400目的粉末状药物;取金银花、连翘、葛根、当归、黄芪,加纯净水煮制,加水量为药物:水=1:20,加温至100℃,煮制4～6h,过滤提取滤液;将制得的粉末状药物加入滤液中,充分混合后制成草本精华素。

(2)将乳糖红霉素、甲硝唑、草本精华素、雪花膏、维生素 B₂、胡萝卜素放入容器中充分均化,搅拌,制成膏体;质检、灌装、包装,即得成品。

【产品应用】 本品能够改善面部微循环,平衡油脂分泌,调整皮肤酸碱度,清除皮脂炎症,对痤疮、青春痘有很好的消退作用,令肌肤光泽、柔嫩、滋润、富有弹性。

【产品特性】 本品原料易得,配比科学,工艺简单,成本较低,质量稳定。本品使用方便,作用迅速,能活血化瘀,根据痤疮的形成机理对皮肤进行生物活性调整,能迅速渗透至真皮,调节皮肤细胞的新陈代谢,促进 RNA、DNA 蛋白质合成,增加皮肤的活力与再生机能,清除皮脂潴留和引发痤疮的丙酸杆菌产生的毒素,祛痘迅速不留疤痕。

实例14 美白祛斑霜

【原料配比】

原 料	配比(质量份)
当归	1
牡丹皮	1.5
桑白皮	1.5
麻油	28
医用凡士林	68

【制备方法】 将当归、牡丹皮、桑白皮干燥品粉碎至50目后,浸入麻油,常温浸泡7d;压榨过滤(机械化生产时采用离心机离心),取溶汁与基质医用凡士林搅拌均匀,搅拌温度不超过40℃;装入20g微晶石玻璃包装中,紫外线灯灭菌12h,即得成品。

【产品应用】 本品主要用于治疗面部雀斑、黄褐斑、蝴蝶斑、老龄斑及妊娠斑,也可用于皮肤养护。

【使用方法】 用药前洗净面部,取本品1g放于手心搓散后,均匀涂抹于面部,可每日一次在晚上睡前使用,或每日两次早、晚使用,40d为一疗程。轻度色斑一个疗程治愈,中度色斑三个疗程可治愈,重度色斑三至四个疗程治愈。

【注意事项】　本品外用,不宜内服;不适用黑色素痣的治疗。

【产品特性】　本品成本低,工艺及配方科学合理,克服了煎煮浓缩膏剂的不足,避免了药物有效成分的损失;采用中药以胃经俞穴治疗头面疾病,运用内病外治原则,克服了现行祛斑治疗内服药药量大、副作用多,剥脱外治易留瘢痕的不足,疗效显著持久,无毒副作用,对皮肤无刺激,安全可靠。

实例15　蚕丝蛋白祛斑美白霜

【原料配比】

原　　料	配比(质量份)		
	1#	2#	3#
去离子水	64.9	65.7	65.3
辛酸癸酸三甘油酯	5	7	6
26#白油	5	6	5.5
十六~十八醇	4	4.5	4.25
丙三醇	5	4	4.5
熊果苷	4	3	3.5
吐温-20	2	2.5	2.25
单硬脂酸甘油酯	2	2.2	2.1
棕榈酸异丙酯	3	2	2.5
蚕丝肽蛋白	3	2	2.5
维生素E醋酸酯	1	0.5	0.75
尼泊金乙酯	0.3	0.2	0.25
尼泊金丁酯	0.2	0.1	0.15
卡波尔940	0.2	0.1	0.15
三乙醇胺	0.2	0.1	0.15
香精	0.2	0.1	0.15

【制备方法】

（1）将卡波尔940加入去离子水中，再加入三乙醇胺后分散均匀，抽入已加热到80～85℃的乳化锅中，慢速搅拌；然后加入吐温-20、尼泊金乙酯、蚕丝肽蛋白、丙三醇，加热到80～85℃，搅拌均匀。

（2）将辛酸癸酸三甘油酯、26#白油、十六～十八醇、单硬脂酸甘油酯、棕榈酸异丙酯、维生素E醋酸酯、尼泊金丁酯加入油相锅中，加热至80～85℃，搅拌均匀。

（3）在快速搅拌下，缓缓将油相物料抽入乳化锅中，继续搅拌10min；真空均质乳化5min；慢速搅拌，冷却至45～55℃，加入熊果苷、香精，搅拌均匀，出料，灌装，包装即为成品。

【产品应用】　本品能够有效防止皮肤黑色素形成，具有很好的美白祛斑作用。

【产品特性】　本品配方科学，工艺简单，成本较低，适合工业化生产；采用的天然蚕丝蛋白与人体肌肤构成相近，对人体皮肤具有极强的亲和性、安全性和良好的生物相容性，可帮助肌肤锁住水分，增强皮肤细胞的活力，防止皮肤衰老并促进新陈代谢，用后感觉舒适，无任何副作用及刺激性。

实例16　复合美白祛斑液（1）

【原料配比】

原　　料		配比（质量份）		
		1#	2#	3#
植物水溶液提取物	甘草	5	25	20
	人参	15	5	10
	桑树皮	20	5	15
	熊果	35	10	22
	川芎	10	25	18
	防风	30	5	24
	芥末花	5	35	20

续表

原　　料		配比（质量份）		
		1#	2#	3#
植物水溶液提取物	芦荟	10	30	23
	丹参	25	5	18
	黄芩	40	10	25
	松树皮	8	25	15
	当归	5	25	16
	灵芝	20	5	15
	白果	10	30	20
	银杏	5	18	16
	栀子	25	10	20
	何首乌	15	5	10
	葛根	5	15	11
	五味子	20	5	15
	天麻	5	15	8
	乳香	18	5	14
	黄连	5	15	10
	党参	8	20	15
植物水溶性提取物		10	25	20
曲酸		5	1	2
维生素A		1	5	3
咖啡酸		5	1	2
左旋维生素C		5	0.5	3
阿魏酸		0.5	5	3
维生素B$_3$		0.5	5	2

141

原　　料	配比（质量份）		
	1#	2#	3#
丙二醇	10	1	6
透明质酸	0.05	0.5	0.2
保湿剂三甲基甘氨酸	1	10	5
水溶性神经酰胺	0.5	5	2
尼泊金甲酯	0.2	0.6	0.4
吐温-40	0.2	0.8	0.6
去离子水	40	60	50

【制备方法】

(1)植物水溶性提取物的制备:将所有原料以(1:5)~(1:7)的比例浸泡于55%~65%的乙醇中,浸泡时间为25~35d,然后进行煎熬,先武火沸腾后改为文火,当煎熬浓缩到锅中的溶液可以挂掌(溶液液滴可以附在一个平面物体表面而不滴落)时停止,冷却后过滤,收集所得滤液为植物水溶性提取物,其有效成分浓度为80%以上。

(2)将植物水溶性提取物、曲酸、维生素 A、咖啡酸、左旋维生素 C、阿魏酸、维生素 B_3、丙二醇、透明质酸、保湿剂、水溶性神经酰胺依次边搅拌边加入去离子水中,之后再搅拌10~20min。

(3)向物料(2)中加入尼泊金甲酯、吐温-40,充分搅拌均匀,经紫外线灭菌40~60min,过滤,静置20~24h,即得成品。

【产品应用】　本品能够祛除老年斑、黄褐斑、蝴蝶斑、妊娠斑、雀斑等,同时具有修复调理皮肤的功效。

【产品特性】　本品通过中药活性成分与其他美白祛斑活性物相互协同作用,能有效地抑制酪氨酸酶的活性,高效清除自由基,防止黑色素的产生,从而达到全面快速、标本兼治的效果,避免色斑的反复发作;不含对人体有害的物质,无任何毒副作用,安全可靠。

产品外观为琥珀黄色半透明液体,气味轻微,pH 值为4.5~6。本品应密封储存于 15～25℃阴凉干燥的环境,避免受到光线的直接照射。本品可直接稀释 10% 左右做成水剂直接涂抹于病患部位,也可以用于制成膏霜、精华液、乳液等。

实例17　复合美白祛斑液(2)

【原料配比】

原　　料		配比(质量份)		
		1#	2#	3#
中草药	丹参	4	5	6
	川芎	7	8	9
	独活	4	5	6
	黄柏	4	5	6
水剂	甘油	4	5	6
	十二醇硫酸	0.9	1	2
	乙醇(50%)	6	7	8
	抗氧化剂	0.1	0.2	0.3
油剂	橄榄油	3	4	5
	液体石蜡	4	5	6

【制备方法】

(1)将中草药丹参、川芎、独活、黄柏提取药汁备用。

(2)取甘油、十二醇硫酸、乙醇、抗氧化剂,配制成水剂。

(3)取橄榄油、液体石蜡,配制成油剂。

(4)将水剂和油剂分别加温至 70～85℃后,将水剂缓慢倒入油剂中,再将中草药汁加入,同一方向搅拌均匀,灌装即为成品。

【产品应用】　本品能将已形成的黑色素转化为浅色素,加速黑色素的代谢脱落,避免新色素的形成。

【产品特性】　本品原料易得,配比科学,工艺简单,成本较低,适合规模化生产;产品中不含石炭酸、三氯醋酸等成分,用后效果理想,并且不会导致皮肤发红、角质脱落、皮肤抵抗力下降等副作用,安全可靠。

实例18 祛斑霜

【原料配比】

原 料		配比(质量份)
基质	白油	18 ~ 22
	自乳化单硬脂酸甘油酯	3 ~ 7
	聚乙二醇4000	3 ~ 7
	丙三醇	3 ~ 7
	十八醇	1 ~ 4
	棕榈酸异丙酯	1 ~ 4
	苯甲酸甲酯	0.2 ~ 0.5
	香精	0.8 ~ 1.2
中药提取液	银杏叶	2 ~ 4
	甘草	1 ~ 4
	川芎	0.7 ~ 1.2
	蒸馏水	加至100

【制备方法】 先将中药清洗,再加水,煎煮120min,然后过滤澄清,收取中药液,抽真空,将水相原料加入真空乳化罐,将油相原料加入油罐,开动搅拌,将油相原料慢慢加入乳化罐乳化,升温至75 ~ 80℃保温30℃,加压出料陈放24h,再检验,然后成品装罐,入库。

【产品应用】 本品用于治疗黄褐斑、色素斑,同时具有活血理气、增白皮肤的功效。

【产品特性】 本品工艺便于操作,配方科学合理,使用效果显著;无毒副作用及不良反应,安全可靠。

实例19　特效祛斑灵

【原料配比】

原　　料	配比（质量份）
抗坏血酸	0.6
对苯二酚	3.5
亚硫酸氢钠	1.5
柠檬酸	0.2
十二烷基硫酸钠	2
十八醇	15
单硬脂酸甘油酯	2
硬脂酸	0.6
甘油	16
二氧化钛	0.5
香精	适量
蒸馏水	60

【制备方法】

（1）将甘油投入带有搅拌器和加热装置的釜内，加入二氧化钛粉，开动搅拌器，使二氧化钛粉在甘油中分散均匀，加入蒸馏水、硬脂酸和单硬脂酸甘油酯，继续搅拌15min；停止搅拌后，加热至80℃左右，并加入十二烷基硫酸钠用量的2/5左右，开动搅拌器继续搅拌至均匀。

（2）在另一容器中将十八醇熔化，加入剩余的十二烷基硫酸钠，充分搅拌均匀后，加入对苯二酚、亚硫酸氢钠、抗坏血酸和柠檬酸，继续搅拌至均匀。

（3）将步骤（2）所得物料倒入步骤（1）所得物料中，搅拌成细膏状物，待降温至40～50℃时，加入香精，搅拌均匀即为成品。

【注意事项】　本品所用原料除香精和蒸馏水外，均选用医药级。抗坏血酸为还原剂和抗氧剂；对苯二酚为还原剂；亚硫酸氢钠为还原剂和防腐剂;柠檬酸为 pH 值调节剂;十二烷基硫酸钠为表面活性剂;十八醇为润肤剂和乳化剂;单硬脂酸甘油酯为润肤剂和乳化剂;硬脂酸为润肤剂和表面活性剂;甘油为保湿剂和润肤剂;二氧化钛为填充剂。香精可根据需要自选。

【产品应用】　本品特别适用于祛除面部色斑。

【产品特性】　本品配方科学,原料易得,工艺简单,成本较低,市场前景广阔;使用方便,效果理想,无毒副作用及不良反应,安全可靠。

实例20　解毒祛斑膏

【原料配比】

原　料	配比(质量份)		
	1#	2#	3#
土茯苓汁	57	54	56
硬脂酸	4	4	4
十八醇	5	4	4
甘油	8	7	6
蓖麻油	8	7	6
次硝酸铋	4	5	5
三乙醇胺	4	5	5
羊毛脂	2	3	2
水杨酸	2	3	3
樟脑	3	4	4

【制备方法】

(1)土茯苓汁按10kg解毒祛斑膏的膏体量放入比例成分,土茯苓不能少于800g,洗净后用蒸馏水或纯净水浸泡 1~3h,然后用微火煎制 1h,滤汁 5~7kg。

(2)将硬脂酸、十八醇、羊毛脂、水杨酸、樟脑放入容器 A 中;另取甘油、蓖麻油、三乙醇胺、土茯苓汁放入另一容器 B 中；将 A、B 两容器中的两相溶液分别加热至 70~80℃ 时，趁热将两相溶液混合，并搅拌至乳化状态为止。

(3)待乳化状态的膏体冷却至 30~40℃ 时，加入次硝酸铋、白降汞并搅拌均匀，再用胶体磨乳化一遍，即得成品。

【产品应用】 本品适用于祛斑、除痘、抗皱，可使皮肤光滑嫩白。

【产品特性】 本品工艺简单，配方科学，药源广泛，使用方便；用土茯苓汁代替膏体里面的水，土茯苓的作用是专门解汞避免中毒，即让汞起到去斑作用，又避免身体健康受到损害，用后无任何不良反应，安全可靠。

实例21 祛斑美容霜

【原料配比】

原　　料	配比（质量份）
茯苓	10
天门冬	10
银杏叶	10
黄芩	10
硬脂酸	11
乙酰化羊毛脂	11
1,3－丙二醇	11
乳化剂 HR－S	11
维生素 E	2
水	13
香精	0.5
防腐剂	适量

【制备方法】

(1) 将茯苓、天门冬、银杏叶、黄芩洗净,低温烘干后打粉,过160目筛,制成细粉备用。

(2) 将硬脂酸、乙酰化羊毛脂、1,3-丙二醇、乳化剂HR-S、维生素E、水、香精和防腐剂在80℃下加热搅拌制成霜体。

(3) 将细粉(1)边加入霜体(2)边搅拌至混合均匀,制得土黄色或淡黄绿色霜体即为成品。

【注意事项】 本品以天门冬为主,辅以茯苓、银杏叶、黄芩等中药制成药物,养阴润燥,清肺生津,黄芩等药物能诱导紫外线并有很强的吸收能力,吸收范围广,是一种天然、优良的紫外线吸收剂;维生素E能促进皮肤新陈代谢。

【产品应用】 本品可用于治疗色素沉着、祛除黄褐斑及痤疮,也可用于防晒增白、防止干燥、延缓衰老,同时具有预防皮肤炎症的作用。

【产品特性】 本品工艺简单,配方合理,使用效果显著,无毒副作用,安全可靠。

实例22 祛斑抗皱增白霜

【原料配比】

原料		配比(质量份)	
		1#	2#
组分A	细辛	5	7
	当归	15	20
	红花	4	5
	白术	15	17
组分B	蛇舌草	15	16
	蛇床子	15	16
	野菊花	20	18
	皂角	15	16

续表

原　料		配比(质量份)	
		1#	2#
组分B	白牵牛	12	13
	白芨	13	12
	冬瓜仁	10	13
	黄芪	20	25
	白茯苓	15	18
	白蔹	15	18
	白姜蚕	10	11
组分C	冰片	0.5	0.55
	硼砂	0.6	0.70
	珍珠粉	0.6	0.70
蒸馏水		适量	适量

【制备方法】

(1)将组分 A 药物浸入适量的蒸馏水中,浸泡湿润后置于蒸馏器中减压蒸馏得蒸馏液,再将蒸馏液蒸馏 1 次得蒸发油备用。

(2)将组分 A 蒸馏后的药渣合并组分 B 药物用煎煮法煎两次,第 1 次煎 3h,第 2 次煎 2h,合并两次煎液,沉淀过滤煎液在 80℃以下减压浓缩成黏稠状,并在 80℃以下干燥,再粉碎过筛得浸膏粉备用。

(3)将组分 C 药物研细备用。

(4)按照每 100g 冷霜基质中加入 6 ~ 9g 的三组药物提取和制备的蒸发油、浸膏粉及药粉混合成纯中草药组合物比例进行乳化,再用胶体磨充分研磨,搅拌制得成品。

【产品应用】　本品可用于防治色斑和粉刺、防止皱纹、增白护肤。

【产品特性】　本品配方科学合理,加工精细,性能稳定;药效迅速,疗效显著持久,不易复发;无毒副作用及不良反应,安全可靠。

实例23 祛斑增白美容霜

【原料配比】

原　　料			配比(质量份)
辛夷			10
黄芩			10
白芨			10
僵蚕			10
滑石			10
甘松			5
山柰			5
香薷			5
基质	水相	甘油	5
		平平加	5
		汉生胶	1
		尼甲	0.5
		氮酮	0.2
		香精	0.2
	油相	白油	2
		单甘酯	3
		白凡士林	5
	去离子水		30

【制备方法】

(1)将以上各药物拣净杂质,用水洗净沥干,粉碎过100目筛,将混合物置于瓷罐中用95%酒精浸泡5~20d后,抽滤浸液,回收乙醇,得浓缩药物浸膏。

(2)向去离子水中加入汉生胶,充分溶解后再加入水相中其他成分;将上述水相和油相成分分别加热至80℃后,将两相混合并均质,冷却至45℃。

(3)将步骤(2)所得基质与步骤(1)所得药物浸膏合并,乳化1h,再做均质处理,即得成品。

【产品应用】 本品为外用药,主要用于除痘及治疗痤疮类丘疹、消除色斑、增白皮肤、延缓衰老。

【产品特性】 本品配方合理,集多功能于一体,使用效果显著;安全性高,对皮肤无刺激性,对人体无不良影响。

实例24 祛痘膏
【原料配比】

原　　料		配比(质量份)
水相	卵黄油	3
	朱红栓菌	2
	薏米液	10
	三七液	4
	血参液	3
	百部液	3
	药用甘油	5
	去离子水	50.47
油相	硬脂酸	10
	单硬脂酸甘油酯	2
	$C_{16} \sim C_{18}$ 醇	2
	白油	4
	平平加	1
	尼泊金甲酯	0.2
	尼泊金丙酯	0.1

原　料	配比（质量份）
CY-1 防腐剂	0.03
香精	0.2

【制备方法】

(1)将水相和油相物质分别加热至100℃,恒温20min灭菌。

(2)先将油相物质放入乳化搅拌锅内,再放入水相物质,以80r/min的速度搅拌,搅拌时间为20min。

(3)将步骤(2)所得物料用冷却水回流冷却降温,温度降至50℃时加入CY-1防腐剂,温度降至40℃时加入香精。

(4)停机后出料膏,其温度为38℃,即得成品。

【注意事项】 朱红栓菌是一种植物,可清热除湿、消炎解毒,其活性物质具有生肌功能;薏米液能活血化瘀,消肿止痛;三七具有止血散瘀功能;血参含有活血性成分;百部能解毒疗疮,杀虫抑菌;将卵黄油与其他天然植物配合,可渗透到毛囊根部,杀菌更彻底,同时保护毛囊内壁周围细胞再生功能。

【产品应用】 本品具有清热解毒、消炎抑菌的功效,能够彻底根除痤疮,并且能保护皮肤,改善肤色。

【产品特性】 本品以天然动植物为原料,结合现代化生物工程技术精制而成,使用效果显著,不留疤痕,愈后不复发,对人体无毒副作用。

实例25　祛斑嫩肤液

【原料配比】

原　料	配比（质量份）		
	1#	2#	3#
地肤子	3	4	5
乙醇(50%)	8	9	10
卵磷脂	2	2	3

续表

原　料	配比(质量份)		
	1#	2#	3#
二巯基丙醇	30	40	50
熊果苷	8	10	13
曲酸	3	5	8
L-半胱氨酸	2	3	5
薏仁油	100	150	200

【制备方法】

(1)将地肤子加入乙醇浸泡14d,取上层清液,得A液。

(2)将卵磷脂加入二巯基丙醇混合溶解,得B液。

(3)将熊果苷、曲酸、L-半胱氨酸、薏仁油混合,得C液。

(4)将以上所得A、B、C三种液体独立包装即可。

【注意事项】 地肤子主要解除各种激素等药物成分在皮肤内的残留物,起彻底清洁和皮肤排毒作用;卵磷脂的主要作用是防皱祛皱、保湿,使皮肤光滑有弹性;二巯基丙醇在本品中的主要作用是解除滥用含汞砷超标祛斑霜的皮肤中毒后遗症;熊果苷、曲酸在本品中的主要作用是使皮肤转白和祛斑;L-半胱氨酸的主要作用是解除误用含铅超标化妆品而造成皮肤中毒的后遗症、嫩滑皮肤及抗衰老;薏仁油的主要作用是补充皮肤营养、滋润肌肤。

【产品应用】 本品能够减少黑色素,祛除皮肤黄褐斑,使皮肤嫩滑光泽。

【使用方法】

(1)先用香皂洁面;对面部进行离子蒸汽喷雾。

(2)取A液全脸涂1次,用棉棒蘸取药液顺着肌肉纹理点按上药,全脸穴位点按3次,目的在于解除激素残留物,疏通皮肤,使药物更容易渗透至深层。

(3)取B液全脸涂1次,用棉棒蘸取药液顺着肌肉纹理点按上药,上药 1 次后,做超声波 15min,做完超声波后停留 10min 吸收,再用纸巾吸干残余液,目的在于解除残留汞、解除毒素、抗氧化和抑制黑色素。

(4)取 C 液全脸涂 1 次,目的在于清除重金属残留物,加强抑制酪氨酸酶活性,起祛斑的作用,同时可养护肌肤。

(5)完成整个程序后,最少保留 2h,最好保留 8h 再洗面。治疗期间禁用一切化妆品、护肤品和洗面奶。

【产品特性】 本品由生物精华素配制而成,能够排解皮肤内毒素、活化细胞、提高再生力、抑制酪氨酸酶的活性,治疗效果显著;不含任何激素,使用后对黑色素细胞不产生毒害,无刺激性,无致敏性,安全可靠,有效率达 95%,不易复发。

实例26 祛斑美容护肤品

【原料配比】

原 料	配比(质量份)	
	1#	2#
芦荟凝胶冻干粉	50	55
熊果苷	30	25
维生素 B_3	18	17
尿囊素	1	2
亚硫酸氢钠	1	1
食用酒精	100	65
1,3-丁二醇	50	60
芦荟香精	1	1
去离子水	838	850
水溶性氮酮	10	20
水溶性红没药醇	2	5

【制备方法】

1. 粉剂

（1）将固体原料熊果苷、维生素 B_3、尿囊素、亚硫酸氢钠分别粉碎。

（2）将芦荟凝胶冻干粉及粉碎后的步骤（1）所得原料过 100 ~ 130 目筛，备用。

（3）在洁净车间称取前述粉剂原料，在混合机中混合均匀，按每支 0.2g 分装。

2. 水剂

（1）将食用酒精、1,3 - 丁二醇及芦荟香精在预溶锅中混匀，备用。

（2）在洁净车间的真空搅拌锅中加入去离子水，再加入水溶性氮酮和水溶性红没药醇，开启真空搅拌 5 ~ 20min。

（3）将预溶锅中的料液加入真空搅拌锅中搅拌 20 ~ 40min，转入陈化锅陈化 48h，过滤。

（4）在自动灌装线上进行分装，每支 2mL。

3. 装盒　按每盒水剂 10 支，粉剂 10 支装。

【注意事项】　芦荟凝胶冻干粉的制备方法：将经处理过的芦荟鲜叶捣浆成芦荟叶汁后过滤、离心、进行循环浓缩后得芦荟凝胶浓缩汁；向该浓缩汁中加入乙醇，于常温下充分搅拌，静置 1 ~ 3h，过滤，回收乙醇，收集芦荟汁，再过滤，收集滤液；将滤液通过循环过滤后，收集浓缩液，进一步冷冻干燥，即得。所述的芦荟凝胶冻干粉为原有的芦荟叶汁的 1/20。

【产品应用】　本品可用于滋润保湿，美白祛斑，祛除痤疮及粉刺。

【使用方法】　取水剂、粉剂各 1 支，混匀后均匀涂抹在洗净的脸部，涂抹两遍即可。

【产品特性】　本品芦荟含量高，不含防腐剂，刺激性小，具有良好的涂抹性，用后感觉清爽，美容效果显著。

成品为水剂和粉剂分开包装，可确保芦荟有效成分的保质期达到两年以上，避免出现混浊、分层、长菌现象，同时可提高皮肤对粉剂中有效成分的吸收。

实例27 祛斑面膜粉

【原料配比】

原　　料	配比(质量份)
檀香	10
甘松	8
山奈	8
苍术	5
艾叶	6
菖蒲	5
麻柳叶	5
香樟叶	4
兰桉叶	4
广合香	3
苦参	5
黄柏	6
荆芥	5
大黄	7
硫黄	10
硼砂	1
皂角	5
丁香	3
薄荷冰	0.3
冰片	1

　　【制备方法】　将以上各中药原料经灭菌处理后加工为 $30 \sim 40 \mu m$ 的超细粉体,分装入铝塑袋中即可。

　　【产品应用】　本品具有护肤美容等功效,用作护肤面膜。

【使用方法】　用营养保湿精华液、牛奶、鸡蛋清或纯净水调匀涂于面部,干燥后用温水洗去即可。本品可用于粉刺的治疗、祛斑、增白、抗皱。

【产品特性】　本品制剂 pH 值为 6 左右,为弱酸性,与人体皮肤 pH 值相似,对皮肤无刺激,用后滑爽舒适;含有丰富的天然芳香挥发油,香味纯正浓郁,无化学品的不良气味及副作用,使用安全,效果好。

实例28　祛斑乳

【原料配比】

原　　料	配比(质量份)
鲜泽芬	20
鲜山辣	20
鲜苦弥	15
鲜白根	20
鲜甘根	5
鲜白瓜籽	20
鲜筒根	20
紫花菘根	80
鲜小辛	10
鲜微茎	5
鲜白菊花	20
鲜越桃	10
九英松	5
真檀	30
鲜僵蚕	20
蒸馏水	500
聚乙二醇	30

续表

原　　料	配比（质量份）
牛骨髓	5
十八酸	10
十六醇	10
聚氧乙烯单油酸酯	10
三乙醇胺	10
苯甲酸	5
乳白鱼肝油	50
液体石蜡	5
钛白粉	2
凡士林	3
茉莉香精	1

【制备方法】

(1)将基础植物药粉碎后混合均匀,放入密闭容器内,加入蒸馏水浸泡制成植物药液,再将植物药液加入聚乙二醇进行渗漉,然后加温至70℃,冷却,待用。

(2)将牛骨髓、十八酸、十六醇、聚氧乙烯单油酸酯、三乙醇胺、苯甲酸、乳白鱼肝油、液体石蜡、钛白粉、凡士林混合后加温至70℃调匀。

(3)将步骤(1)、(2)所得物料混合调匀,冷却后兑入茉莉型香精,即得成品。

【产品应用】 本品能够改善皮肤的状态和上皮细胞的代谢功能,主治黄褐斑、妊娠斑、老年斑、雀斑,广泛用于化妆和医药行业。

【产品特性】 本品工艺简单,配方合理,疗效确切,有效率100%,治愈率98%以上,并且无毒副作用及不良反应,安全可靠。

第五章 美发化妆品

实例1 人参发乳

【原料配比】

原　　料	配比（质量份）
白油	200
十八醇	50
单甘酯	30
甘油	80
吐温 –80	14
尼泊金乙酯	2
远红外陶瓷粉	100
人参提取液	5
柠檬酸	适量
香精	5
去离子水	加至100

【制备方法】 取白油、十八醇、单甘酯、甘油、吐温 –80、尼泊金乙酯、远红外陶瓷粉、人参提取液,用柠檬酸调节 pH 值小于7,加入去离子水进行混合,加热至90℃,搅拌,乳化 1h 后冷却至50℃,加入香精,搅拌,持续冷却至30℃出料,灌装即可。

【产品应用】 本品通过远红外线有效地保护和滋润头发,使头发发质柔和、有光泽,并使头发不易脱落。

【产品特性】 本品工艺简单,配方独特,不含药物,适应性强,对头皮及头发无副作用,无过敏反应。

实例2 黑色发胶

【原料配比】

原　　料	配比(质量份)
聚乙烯基吡咯烷酮	8
乙醇(95%以上)	85
松香丙烯酸酯	2
松香液	2
白矿油	0.2
蓖麻油	0.3
香精	0.3
对苯二胺	0.5
炭粉	0.5
十二醇硫酸钠	0.5
双氧水	0.5
白糖液	0.2

【制备方法】

(1)将松香粉碎后用乙醇浸泡,过滤得松香液。

(2)用乙醇将松香丙烯酸酯溶解后加入聚乙烯基吡咯烷酮(或乙烯基吡咯烷酮)、白矿油、蓖麻油、香精和步骤(1)所得松香液,进行搅拌,使其成为液状,然后加入白糖液,得到A液。

(3)将对苯二铵制成粉末,与碳粉、十二醇硫酸钠混合后加入双氧水调成膏状,得到B膏。

(4)将B膏加入A液中,经过搅拌、过滤,即得产品。

【产品应用】 本品用于护发定型,黑色头发使用本品之后,毛发光泽、不干枯、不分叉。

【产品特性】 本品原料易得,工艺简单,成本低廉;产品质量稳定,使用效果理想。

实例3 壳聚糖发胶

【原料配比】

原料		配比（质量份）	
		1#	2#
壳聚糖		2.5	0.8
甲酸		2	—
醋酸		—	2
阳离子蛋白肽 QHC		0.5	—
保湿剂		—	0.002
发泡剂	异丙醇	36	—
	乙醇	—	30
防腐剂		0.1	—
香料		适量	适量
去离子水		加至100	加至100

注 1#所用壳聚糖含氮量8.56%，2#所用壳聚糖含氮量8.4%。

【制备方法】 将壳聚糖溶于2%～5%的稀酸水溶液中，过滤除去不溶物，相继加入有机溶剂、阳离子蛋白肽 QHC、保湿剂、防腐剂、香料、去离子水，搅拌均匀后装入带有高效喷雾泵的塑料瓶中。

【注意事项】 本品使用的壳聚糖含氮量为8.3～8.7%，最好为8.5%以上；适宜的黏度为10～500mPa·s，最好为30～300mPa·s。壳聚糖不溶于水，配制发胶通常使其溶于0.5%～5%的稀酸水溶液中，可用的无机酸如盐酸等，有机酸类尤以乳酸、醋酸、抗坏血酸、柠檬酸、甲酸为宜。

【产品应用】 本品用于固定及修饰发型，同时具有护发、美发的功效。

【产品特性】 本品原料易得，成本低廉，工艺简单；发胶的雾化是配以适宜的喷雾泵来实现的，不含有氟利昂（CFC）或液化石油气

（LPG）、丙烷、丁烷等气雾推进剂,无异味及刺激性、挥发性有机溶剂,不但有利于环境保护及人体健康,而且使发胶不易燃易爆,便于携带、运输及储存,使用安全可靠。

实例4 植物胶汁型发胶

【原料配比】

原 料	配比（质量份）				
	1#	2#	3#	4#	5#
沙枣树胶	45	40	45	50	55
葡萄汁	950	100	200	800	1000
思亚但油	3	—	—	4	—
杏仁油	4	—	—	—	8
尿囊素	2	—	—	3	2
卵磷脂	1	—	5	—	2

【制备方法】

（1）取沙枣树胶,碾碎,以已消毒的水洗净后置于不锈钢容器中,备用;

（2）过滤葡萄汁,去掉颗粒状物质后注入步骤（1）盛有沙枣树胶的容器中,再补加消毒处理的水至液体（葡萄汁和水的混合液体）和沙枣树胶比达到16:1左右,浸泡沙枣树胶40～60h,使沙枣树胶充分膨胀、软化。

（3）将步骤（2）所得混合物移置于不锈钢质的搅拌器中,搅拌1～2h,使物料成为具有流动性的胶液。

（4）将步骤（3）所得胶液置于高压均质器中加压均质成均匀的混合胶液。

（5）将步骤（4）所得混合胶液移到不锈钢容器中静放7～10d,直至呈透明胶状溶液。

（6）用虹吸法吸步骤（5）所得胶状溶液置于不锈钢质的搅拌器

中,加入思亚但油、杏仁油、尿囊素、卵磷脂,充分搅拌乳化成乳状的胶液,加入香料,即得成品。

【产品应用】 本品能够促进头发生长,增强头发弹性,补充头发营养成分,防止头发脱落,并且具有使头发乌黑、光亮、顺滑,消除头皮屑等作用。

【产品特性】

(1)突破了纯天然物发胶的局限性,采用混合天然树胶作为原料,并开辟了天然树胶发胶"单一型"转向"复合型"的新途径,为提高天然树胶发用品美发、护发效果提供了新的研究思路。

(2)向沙枣树胶配入了具有特殊美发效果葡萄汁,大大改善了沙枣树胶的品质,使其更加均匀透明,用后效果更佳。

(3)黏度适宜,即能使头发保持如意的样式,又不影响头发的自然弹性。

(4)产品安全无毒,无任何副作用,气味芳香、光泽悦目、便于梳理,湿梳再生固发性能良好。

实例5 变色摩丝

【原料配比】

原　　料	配比（质量份）			
	1#	2#	3#	4#
聚乙烯吡咯烷酮 PVPK30	6	6.2	6.5	6.5
LCH-2 季铵壳多糖	1.5	1.8	2	2
聚乙烯吡咯烷酮和醋酸乙烯共聚物	3	3.1	3.3	3.3
尼纳尔 6501	1.5	1.8	2.5	2.5
乙醇	11	12	13	13
苯甲醇	0.08	0.1	0.12	0.12
十八醇	1.8	2	2.3	2.3
脂肪醇聚氧乙烯醚平平加 O	1	1.1	1.2	1.2

续表

原　料	配比（质量份）			
	1#	2#	3#	4#
甘油	1.5	1.8	2.5	2.5
乙氧基化氢化羊毛脂	0.5	0.8	1	1
填充剂二甲醚	35	36	40	40
苹果香精	0.1	—		
柠檬香精	—	0.3		
菠萝香精	—	—	0.5	0.5
活性紫 K－3R	0.74			
活性金黄 K－2RA		0.8		0.5
活性艳橙 X－GN	—	—	1	0.5
防腐剂 CY－1	0.015	0.018	0.018	0.018
紫外线吸收剂 VF	0.01	0.015	0.03	0.03
十六烷基三甲基溴化铵	0.1	0.12	0.16	0.16
水	加至100	加至100	加至100	加至100

【制备方法】

（1）将甘油、苯甲醇、十八醇、脂肪醇聚氧乙烯醚、变色染料、乙氧基化氢化羊毛脂装入乳化罐，混合加温至65℃，乳化搅拌均匀，作为 A 组分备用。

（2）将聚乙烯吡咯烷酮、LCH－2 季铵壳多糖、聚乙烯吡咯烷酮和醋酸乙烯酯共聚物、尼纳尔、乙醇、水、香精、紫外线吸收剂、防腐剂、十六烷基三甲基溴化铵混合搅拌均匀，作为 B 组分备用。

（3）将组分 A 和 B 混合后过滤，滤液放入储存罐，与填充剂一起灌装入喷雾罐即可。

【产品应用】　本品色泽富于变化，具有定型、保湿、护发作用。

【**产品特性**】　本品原料易得,配比科学,工艺简单,适合工业化生产;使用效果理想,洗涤方便,不损伤发质。

实例6　摩丝制品

【**原料配比**】

原　　料		配比（质量份）						
		1#	2#	3#	4#	5#	6#	7#
第一部分	十二烷基碳酸钠	1	—	—	—	—	—	—
	十二烷基磺酸钠	—	1	1	1	0.5	1	1
	聚乙烯吡咯烷酮	—	5	—	—	—	—	5
	十二醇醚聚氧乙烯醚	3	3	3	10	3	3	3
	JR-400	—	—	2	—	—	—	—
	羊毛脂	—	—	—	—	2	—	—
	对苯二胺	—	—	—	3	—	—	—
	间苯二酚	—	—	—	0.2	—	—	—
	尼纳尔	5	5	5	—	5	5	5
	异丙醇	—	—	—	5	—	—	—
	柠檬酸	3	3	3	3	3	3	3
	尼泊金酯类	0.1	0.1	0.1	0.1	0.1	0.1	0.1
	茉莉香精	0.1	0.1	0.1	0.1	0.1	0.1	0.1
	去离子水	加至100	加至100	加至100	加至100	加至100	加至100	加至100
第二部分	碳酸氢钠	2.5	—	—	—	—	—	—
	碳酸氢钾	—	2.1	—	—	—	—	—
	碳酸钠	—	—	2.5	—	—	—	—

续表

原　　料		配比（质量份）						
		1#	2#	3#	4#	5#	6#	7#
第二部分	碳酸钾	—	—	—	2.5	—	—	—
	碳酸氢钙	—	—	—	—	2.5	—	—
	碳酸氢铵	—	—	—	—	—	2.4	—
	碳酸铵	—	—	—	—	—	—	2
	尼泊金酯类	0.1	0.1	0.1	—	0.1	0.1	0.1
	双氧水（30%）	—	—	—	20	—	—	—
	去离子水	加至100	加至100	加至100	加至100	加至100	加至100	加至100

注　1#为发用摩丝,2#为发用定型摩丝,3#为焗油摩丝,4#为染发摩丝,5#为护肤摩丝,6#为发用摩丝,7#为发用定型摩丝。

【制备方法】　分别将上述各组分溶解混匀即可。

【产品应用】　本品适用于护肤、护发及美发。

【产品特性】　本品原料易得,工艺简单,生产成本低;产品包装是使用普通的塑胶制品,不需要使用氟利昂或气体烷烃作为抛射剂,不污染环境,对人体无不良影响;由于是不带压力的制品,使用更加安全,特别适合旅行者携带及应用。

实例7　毛发定型摩丝

【原料配比】

原　　料		配比（质量份）	
		1#	2#
壳聚糖		3	1
有机酸	苹果酸	—	2

续表

原　　料		配比（质量份）	
		1#	2#
有机溶剂	异丙醇	10	—
	乙醇	—	10
表面活性剂	十二烷醇聚氧乙烯醚	2	3
	阳离子表面活性剂 CTAC	1	—
防腐剂/防腐防霉剂		0.1	0.5
香料		适量	适量
丙烷/丁烷推进剂		5	10
去离子水		加至100	加至100

【制备方法】　将壳聚糖溶于 pH 值为 5～5.5 的酸性水溶液中，然后依次加入有机溶剂、表面活性剂、防腐剂、香料，用水调匀后装入气压罐中，并充以丙烷/丁烷推进剂。

【注意事项】　本品选用脱乙酰度 80% 以上的壳聚糖作为成膜物质。壳聚糖在水中溶解度较低，通常是溶在 pH 值为 4～5.5 之间的水溶液中，或者在酸性水溶液中制成相应的盐，可用无机酸或有机酸，尤以有机酸为宜，如甲酸、乙酸、苹果酸、柠檬酸、乳酸、水杨酸、酒石酸等。

有机溶剂可以是乙醇、异丙醇、丙酮、二氯甲烷等。

由于壳聚糖属阳离子型高聚物，因而不宜采用阴离子型表面活性剂。可单独或配合使用非离子表面活性剂和阳离子表面活性剂。非离子表面活性剂通常选用聚氧乙烯醚类活性剂，也可选用相类似的烷基芳基聚氧乙烯醚，咪唑啉两性表面离子活性剂也适用。

气体推进剂可以是丙烷、异丙烷、丁烷。

防腐剂可以是尼泊金酯、防腐剂 PM、防腐剂 KCG、防腐剂布罗波尔等。

【产品应用】　本品具有护发、养发作用，可固定及修饰发型。

【产品特性】　本品原料易得，工艺简单，生产成本低；产品发泡均匀稳定,成膜快,硬而不黏腻,有透气透湿性,使用效果理想。

实例8 天然树胶护发定型摩丝

【原料配比】

原 料		配比(质量份)				
		1#	2#	3#	4#	5#
I	脂肪醇聚氧乙烯醚	2	4	—	—	—
	烷基硫酸钠	—	—	3	—	—
	脂肪醇聚氧乙烯醚硫酸酯	—	—	—	8	—
	斯盘	—	—	—	—	10
II	阿拉伯树胶溶液	65	—	—	—	53
	沙枣胶溶液	—	55	—	45	—
	酸枣胶溶液	—	—	55	—	—
	抗氧剂	适量	适量	适量	适量	适量
III	蓖麻油	2	—	—	—	—
	黑种草籽油	—	5	—	8	—
	红花油	—	—	5	—	—
	杏仁油	—	—	—	—	7
IV	甲基硅烷	4	—	—	—	5
	硅氧烷	—	4	—	6	—
	硅油	—	—	5	—	—
V	乙基纤维素	2	—	—	—	5
	交联聚丙烯酸树脂	—	4	—	—	—
	聚乙烯吡咯烷酮	—	—	6	—	—
	聚乙烯吡咯烷酮乙酸乙烯酯共聚物	—	—	—	8	—

续表

原　料		配比（质量份）				
		1#	2#	3#	4#	5#
Ⅵ	乙醇	10	—	—	—	5
	丙三醇	—	8	—	—	—
	三乙醇胺	—	—	10	—	—
	丙二醇	—	—	—	10	—
香精		0.1	0.1	0.1	0.1	0.1
推进气		15	20	15	15	15

注　Ⅰ为表面活性剂，Ⅱ为天然树胶溶液，Ⅲ为药用植物油，Ⅳ为助剂，Ⅴ为合成胶，Ⅵ为溶剂。

【制备方法】

(1) 天然树胶的加工处理：将天然树胶溶于溶剂中，过滤，浓缩为7%~8%的树胶溶液，然后加入抗氧剂。

(2) 配制 A 组分：将表面活性剂、药用植物油、天然树胶溶液、助剂混合，于 40~70℃加热 10~15min。

(3) 配制 B 组分：将合成胶溶于溶剂中，于 40~65℃加热 10~15min。

(4) 于 50~60℃下将 B 组分在搅拌下加入到 A 组分中，充分搅拌均匀，冷却至40℃加入香精，冷却至室温，装罐，加入推进气体，即得成品。

【注意事项】　所述天然树胶可以是阿拉伯树胶、酸枣胶、沙枣胶中的任意一种。

所述药用植物油可以是红花油、黑种草籽油、蓖麻油、杏仁油中的任意一种。

所述表面活性剂可以是脂肪醇聚氧乙烯醚、烷基酚聚氧乙烯醚、脂肪醇聚氧乙烯醚硫酸酯、烷基硫酸钠、斯盘、吐温中的任意一种。

所述溶剂可以是乙醇、丙二醇、丙三醇、三乙醇胺中的任意一种。

所述助剂可以是硅油、硅氧烷、甲基硅烷中的任意一种。

所述抗氧剂可以是对羟基苯甲酸酯、维生素 B、苯甲酸钠中的任意一种。

【产品应用】 本品除具有固定发型的作用外,还可使头发柔软、滋润、乌黑光亮、易于梳理,长期使用还具有生发、乌发的特殊功效。

【产品特性】 本品配方科学,工艺简单,成本较低,适合工业化生产;产品手感细腻、泡沫均匀、富于弹性、香味宜人,耐热及耐寒性能好,使用效果理想;产品经毒性测试及理化性能测试,均符合国家标准,对人体无任何不良影响。

实例9 护发啫喱水

【原料配比】

原 料	配比(质量份)
十六烷基三甲基氯化铵	0.5
十八烷基三甲基氯化铵	0.8
PVP 甲基丙烯酸二甲氨基乙酯共聚物	14
高岭土溴化物	0.5
丙烯甘醇(1,2 - 亚乙基二醇)	1
丙二醇	0.2
水解角蛋白	5
重氮基碳酰二胺	0.2
二甲聚硅氧烷共聚醇	0.6
多山梨醇酯20	0.5
水	加至100

【制备方法】 将各组分混合溶于水中。

【产品应用】 本品能够护理头发,修饰及固定发型。

【产品特性】 本品原料易得,配比科学,成本低廉,工艺简单,节能环保;产品使用方便,易清洗,效果理想,对人体无任何副作用及不良影响。

实例10 中草药护发定型水

【原料配比】

原 料	配比(质量份)		
	1#	2#	3#
人参	20	10	15
当归	25	10	17
熟地	20	10	20
旱莲草	20	10	17
木瓜	20	10	15
侧柏叶	20	20	30
天冬	40	10	30
麦冬	40	10	30
玉竹	35	20	25
首乌	30	15	30
桑白皮	20	10	20
桑葚	30	10	30
石榴皮	30	15	25
蜂蜜(20%)	400(体积份)	—	—
蜂蜜(10%)	—	100(体积份)	—
蜂蜜(15%)	—	—	270(体积份)

续表

原　　料		配比（质量份）		
		1#	2#	3#
抗氧化防腐剂	乙二胺四乙酸二钠	5	1	2.7
	异抗坏血酸	5	1	2.7
	对羟基苯甲酸丙酯	5	1	2.7
	对羟基苯甲酸甲酯	5	1	2.7
乙醇		10（体积份）	5（体积份）	5（体积份）

【制备方法】

(1)将人参、当归、熟地、旱莲草、木瓜、侧柏叶、天冬、麦冬、玉竹、首乌、桑白皮、桑葚、石榴皮制成碎块,用水浸泡2h。

(2)将步骤(1)所得物料置于 DH－Ⅰ型中药煎药机的不锈钢罐内,加压至 $1.01 \times 10^5 Pa$,再加热至100℃保持45min,获得原液。

(3)将步骤(2)所得原液过滤,静置0.5h沉淀后,取上清液置入3000r/min的离心机,离心5min,取透明原液。

(4)将步骤(3)所得透明原液置于浓缩罐加热至100℃灭菌浓缩至所需定量。

(5)将蜂蜜加入浓缩罐内的透明原液中搅拌,冷却至室温。

(6)将乙二胺四乙酸二钠、异抗坏血酸加入透明原液中搅拌至完全溶解。

(7)将对羟基苯甲酸丙酯、对羟基苯甲酸甲酯先溶于少量的醇(乙醇)中溶解,再将其加入透明原液中搅拌,混匀即可。

【产品应用】　本品不仅有定型效果,而且具有乌发、润发、营养保健头发的功能。

【产品特性】　本品工艺简单合理,配方性质温和,无任何刺激性,药物直接作用于头皮和头发质,有标本兼顾的作用。

实例11 烫发剂

【原料配比】

原 料		配比（质量份）		
		1#	2#	3#
I	丁香	10	5	1
	白芨	5	4	3
	胱氨酸	3	6	10
	亚硫酸氢钠	5	4	3
	单乙醇胺(99%)	4	3	2
	氢氧化铵(28%)	2	2.5	3
	乙二胺四乙酸二钠	0.2	0.2	0.2
	去离子水	加至100	加至100	加至100
II	射干	15	10	1
	丁香	10	5	1
	过氧化氢	1	1.5	2
	单硬脂酸甘油酯	8	6	4
	磷酸	0.5	0.5	0.5
	乙二胺四乙酸二钠	0.2	0.2	0.2
	8-羟基喹啉硫酸盐	0.1	0.1	0.1
	去离子水	加至100	加至100	加至100

【制备方法】

（1）I号剂的制备：将去离子水与丁香、白芨、胱氨酸、亚硫酸氢钠、单乙醇胺、乙二胺四乙酸二钠混合，加温至70℃，冷却至室温，再加氢氧化铵混合，检验，灌装即可。

（2）II号剂的制备：在容器A中加入60%的去离子水，再加入单硬脂酸甘油酯、射干、丁香、乙二胺四乙酸二钠混合，加温至70℃，保温

15min,冷却至40℃;在容器 B 中加入剩余的 40% 去离子水,加热至40℃,将 8 - 羟基喹啉硫酸盐加入,搅拌至完全溶解;将容器 B 中的物料慢慢加入容器 A 中,冷却至30℃,然后再加入过氧化氢、磷酸,搅拌均匀,检验、灌装即可。

【注意事项】　胱氨酸为还原剂;亚硫酸氢钠为辅助还原剂;丁香为中药渗透剂;氢氧化铵和单乙醇胺为碱化剂,其用量使Ⅰ号剂的 pH 值保持在 9 ~9.8;白芨为增稠剂;乙二胺四乙酸二钠为螯合剂;单硬脂酸甘油酯为增稠剂;8 - 羟基喹啉硫酸盐为稳定剂;磷酸为缓冲剂,其用量使Ⅱ号剂的 pH 值保持在 2.5 ~4。

【产品应用】　本品的烫发卷曲度和化学烫发剂相仿,一次烫发能保持三个月左右。

【使用方法】　洗净头发后吹干,卷杠,上Ⅰ号剂,带浴帽,于 50℃蒸 30min,冷却 5min,冲洗干净,吹干;上Ⅱ号剂,常温保持 15min,拆杠,洗头,吹造型。

【产品特性】　本品原料易得,配比科学,工艺简单,以中药丁香为渗透剂,帮助胱氨酸进入头发毛小片间隙,增强卷曲度,同时加用亚硫酸氢钠作为辅助还原剂,以提高烫发卷曲能力;本品不含巯基乙酸,无刺激性,使用安全;过氧化氢含量低,因而能较大程度地减轻烫发剂对发质的损害。

实例12　冷烫剂
【原料配比】

原　　　料	配比(质量份)
硫代乙醇酸(75%)	4.5
无水碳酸钠	1.5
六次甲基四胺	2
尿素	3.5
碳酸氢铵	3.5
硼砂	0.5

续表

原　　料	配比(质量份)
过硼酸钠	2
氨水(28%)	10(体积)
蒸馏水	47

【制备方法】

(1)将硫代乙醇酸溶液加入蒸馏水中,搅拌后制得浓度为5%~8%的硫代乙醇酸溶液,备用。

(2)将蒸馏水加入盛有无水碳酸钠的容器中,搅拌使碳酸钠完全溶解,制得碳酸钠溶液,备用。

(3)将步骤(2)所得溶液加入步骤(1)所得溶液中,反应2~10min,制得硫代乙醇酸钠溶液,备用。

(4)依次将六次甲基四胺、尿素、碳酸氢铵、硼砂放入容器中,然后加入蒸馏水,搅拌3~5min,配成混合溶液。

(5)将步骤(4)所得混合溶液加入步骤(3)所得溶液中,然后加入过硼酸钠,再加入氨水,振摇2~3min,使其pH值达到8.5~9.5,即得冷烫剂。

【产品应用】　本品为美发用冷烫剂,在使用过程中无须热敷,也无须上定型水。

【使用方法】　烫发时,先涂洒冷烫剂,卷发后保温25~30min,拆下发卡,冷却10min后,清洗,即完成烫发。

【产品特性】

(1)本品利用空气自然氧化就能达到发卷持久、牢固、富于弹性、蓬松美观,发丝光泽柔润、不焦不黄、不伤头皮的完美效果,即使在零下20℃都不用任何热敷。

(2)本品是水剂型,其制备操作简单,无须耗用热能,使用方便,且能充分浸透到毛发的皮质中,增强烫发效果,简化烫发工序。

实例13 乌发美发冷烫剂

【原料配比】

原 料	配比（质量份）		
	1#	2#	3#
蒸馏水	105	110	105
何首乌	2	3	3
硫代乙醇酸（60%～65%）	8	10	8
碳酸钠	4	7	5
硫代乙醇酸胺（45%～50%）	10	14	12
尿素	4	6	5
碳酸铵	4	6	5
六次甲基四胺	1	2	2
香精	2	4	3
硼砂	1	2	2

【制备方法】

（1）取蒸馏水放入烧杯内，然后依次加入何首乌、硫代乙醇酸、碳酸钠、硫代乙醇酸胺，搅拌均匀，备用。

（2）取蒸馏水放入另一个烧杯内，依次加入尿素、碳酸铵、六次甲基四胺、碳酸钠、硫代乙醇酸胺，搅拌均匀，备用。

（3）将步骤（2）所得物料倒入步骤（1）所得物料所在烧杯内，两种溶液相混合，搅拌均匀，然后加入香精，最后再加入硼砂，搅拌，摇动2min后再密封制得冷烫剂。

【产品应用】 本品在使用过程中除利用空气就能自然氧化达到固定发型的效果外，还具有乌发、亮泽、蓬松、柔润等效果。

【产品特性】 本品原料易得，配比科学，工艺简单，使用效果理想，无任何毒副作用，不刺激皮肤，安全可靠，市场前景广阔。

实例 14 焗油染发剂

【原料配比】

原料		配比（质量份）
第1剂	去离子水	85～96
	抗氧剂	0.4～1
	毛发染料	0.3～3
	柔软剂	0.5～2.5
	乳化硅油	0.5～3
	表面活性剂	0.4～2
	螯合剂	0.1～0.5
	止痒去屑剂	0.2～1
	碱	适量
第2剂	去离子水	60～80
	过氧化氢稳定剂	0.1～0.5
	过氧化氢	20～40
	卡波树脂	0.5～3

【制备方法】

（1）第1剂的制备：取去离子水加入乳化锅内，加热升温至 70～80℃，在搅拌下加入抗氧剂、毛发染料、柔软剂、乳化硅油、表面活性剂、螯合剂、止痒去屑剂，待其搅拌溶解完全后，通水夹套冷却，降至内温为 40℃以下后，加碱调节 pH 值至 9～11，放料，灌装。

（2）第2剂的制备：取去离子水加入乳化锅内，加热升温至 60～80℃，在搅拌下加入过氧化氢稳定剂，待其溶解后，通水夹套冷却至 40℃以下，加入过氧化氢、卡波树脂，混合溶解均匀后放料，灌装。

【注意事项】 本品由第1剂和第2剂组成。

抗氧剂可以是亚硫酸钠、维生素 C 等；柔软剂可以是聚季铵盐、丝蛋白等；表面活性剂可以是脂肪醇聚氧乙烯醚、单硬脂酸甘油酯；螯合剂可以是乙二胺四乙酸二钠;止痒去屑剂可以是甘宝素、酮康唑等;过氧化氢稳定剂可以是乙酰苯胺、EDTA 等。

【产品应用】 本品是一种具有焗油效果的染发剂。

【使用方法】 使用时将第 1 剂、第 2 剂等量混合,就能呈均匀黏稠的糊状,立即可涂抹到待染的毛发上。

【产品特性】 本品为两剂型焗油染发剂,第 1 剂为乳液,使用时无须溶解和反复搅拌,非常方便。因为是乳液,可以添加毛发所需的营养元素以及止痒、去屑功能的物质,不但染发效果好,并且能起到养发、护发、止痒、去屑等作用。第 2 剂选用卡波树脂为胶黏剂,是水溶性增稠树脂,无臭、无刺激性,是化妆品及药品的基质原料,其溶于水中为弱酸性,pH 值约为 3,在弱酸性条件下为流动的液体,中和至近中性以上时为黏稠膏体,所以在生产时直接把卡波树脂溶入过氧化氢溶液内。

使用本品染发时操作极为方便,且染后的头发蓬松柔软,富有健康的光泽,对头皮无刺激,安全可靠。

实例15 染发剂

【原料配比】

原　　料		配比（质量份）				
		1#	2#	3#	4#	5#
A 组分	去离子水	75	90	80	85	90
	丙二醇	5	10	6	7	8
	异丙醇	1	6	2	4	5
	对苯二胺	1	2	2	1	1
	对甲苯二胺	0.1	1	0.5	0.3	0.1
	硫酸亚铁	0.1	0.3	0.3	0.2	0.1
	羟乙基纤维素	0.5	2	0.5	0.8	1
	乙基纤维素	0.5	2	0.5	0.7	1
	硫酸钠	0.1	0.8	0.2	0.4	0.6
	EDTA－2Na	0.1	0.5	0.5	0.4	0.2

续表

原　料		配比（质量份）				
		1#	2#	3#	4#	5#
A组分	3,4-二羟基苯乙烯醇	0.1	0.6	0.2	0.3	0.5
	斯盘-60	0.1	1	0.5	0.3	0.1
	尼泊金甲酯	0.1	0.5	0.3	0.4	0.5
	香精	0.1	0.5	0.2	0.3	0.5
A:B		1:0.9	1:1.2	1:1	1:1	1:1

【制备方法】 将A组分中的去离子水置于混合容器中,然后依次加入A组分中其他原料搅拌均匀即可;A和B分装待用。

【注意事项】 B组分为6%的过氧化氢溶液。

【产品应用】 本品用于染发。

【使用方法】 将A、B两组分按比例混合,然后涂抹在头发上,保持20min左右清洗干净,然后用洗发香波洗净即可。

【产品特性】 本品原料易得,工艺简单,质量稳定,使用方便,染发均匀,效果理想;配方中苯胺类及酚类物质的含量很小,并且不含铅、汞等重金属成分,对人体无不良影响,安全可靠。

实例16 染发、烫发剂

【原料配比】

原　料			配比（质量份）		
			1#	2#	3#
处理剂	乙酰半胱氨酸衍生物同系物及其盐	N-乙酰半胱氨酸	2	—	—
		氨基甲酰半胱氨酸	—	4	—
		N-乙酰半胱氨酸盐酸盐一水合物	—	—	5

续表

原　　料		配比（质量份）		
		1#	2#	3#
处理剂	亚硫酸钠	0.5	1	0.8
	羧甲基纤维素钠	2	4	4
	乙二胺四乙酸二钠	0.1	0.2	0.4
	一乙醇胺	10	15	8
	去离子水	85.4	75.8	81.8
染料剂	食用色素　栀子黄色素	2	—	—
	胭脂红色素	—	3	—
	亮蓝色素	—	—	8
	增稠剂　羧甲基纤维素钠	5	—	—
	明胶	—	3	—
	黄原胶	—	—	3
	表面活性剂　十二烷基硫酸钠	1	1	—
	脂肪醇聚氧乙烯醚硫酸钠	—	—	2
	去离子水	92	93	87
金属离子螯合剂	金属离子盐　氯化铁	3	—	—
	硫酸铜	—	2.5	—
	硫酸镁	—	—	5
	增稠剂　黄原胶	3	—	—
	瓜尔豆胶	—	3	—
	羧甲基纤维素钠	—	—	6
	去离子水	94	94	89

【制备方法】

（1）处理剂的制备：将乙酰半胱氨酸衍生物、同系物及其盐类,亚硫酸钠,羧甲基纤维素钠,乙二胺四乙酸二钠,一乙醇胺依次缓慢加入去离子水中,并辅以搅拌,直到各组分完全溶解,继续搅拌至溶液均匀,即得。

（2）染料剂的制备：将食用色素、增稠剂、表面活性剂依次缓慢加入去离子水中,并辅以搅拌,直到各组分完全溶解,继续搅拌至溶液均匀,即得。

（3）金属离子螯合剂的制备：将金属离子盐、增稠剂依次缓慢加入去离子水中,并辅以搅拌,直到各组分完全溶解,继续搅拌至溶液均匀,即得。

【注意事项】　本品由处理剂、染料剂和金属离子螯合剂三部分组成。

所述乙酰半胱氨酸衍生物、同系物及其盐可以是 N – 乙酰半胱氨酸、氨基甲酰半胱氨酸、高半胱氨酸、半胱胺、半胱氨酸盐酸盐一水合物或半胱氨酸盐酸盐无水物。

所述食用色素可以是栀子黄色素、亮黑、胭脂红、日落黄、果绿、亮蓝、焦糖色素、红花黄、萝卜红色素、紫甘薯红色素、紫甘蓝色素、叶黄素、可可色素、叶绿素或植物炭黑素。

所述增稠剂可以是羧甲基纤维素钠（CMC）、黄原胶、明胶或瓜尔豆胶。

所述表面活性剂可以是十二烷基硫酸钠（K_{12}）、脂肪醇聚氧乙烯醚硫酸钠（AES）或甜菜碱。

所述金属离子可以是铁盐、铝盐、镁盐或铜盐产生的金属离子。

所述处理剂也称软化剂,其作用是使头发的毛鳞片打开,使染发剂易于进入发管内;染料剂的作用是起显色作用;金属离子螯合剂主要是使金属离子与染料分子螯合生成更大的分子,改变染料,显示颜色,同时由于分子变得更大,染发后其不易渗出发丝外,使发色持久。

【产品应用】　本品用于将白发染黑。

【使用方法】 首先将头发用水洗净,用毛巾擦净头发上的水分;然后将处理剂均匀涂抹在头发上,加热到 35～45℃,保持 15～20min;再将染料剂均匀涂抹在头发上,再加热到 35～45℃,保持 5～10min;最后将金属离子螯合剂均匀涂抹在头发上,仍加热到 35～45℃,保持 4～8min,用温水冲洗干净即可。如果染发过程中不加热,应适当延长时间。

【产品特性】 本品配方科学,工艺简单,产品质量稳定,使用效果理想,用后发泽光亮、柔顺自然,且对人体无毒副作用,不损伤头皮,安全可靠。

实例17 染发香波

【原料配比】

原　　料			配比(质量份)
香波	染发组分	间苯二酚	0.01
		对苯二胺	0.5
		邻氨基酚	0.01
	表面活性剂	K12	5
		AES	12
		MES	5
		6501	3
	水		74.48
	氯化钠		适量
	三乙醇胺		适量
	色素		适量
	抗氧剂		适量
	香精		适量
	防腐剂		适量

续表

原 料		配比(质量份)
乳化剂	吐温-20	0.5
	单硬脂酸甘油酯	1
头发调理剂	1831	3
	十八醇	10
	水解蛋白(20%)	2.5
	羊毛脂(75%)	0.5
	羊毛醇醚	0.5
双氧水(36%)		16
水		66
香精和/或色素		适量

【制备方法】

(1)将染发组分溶于水后,再加入表面活性剂和氯化钠、三乙醇胺、色素、抗氧剂,加热溶解至35~40℃时加入香精、防腐剂,搅拌均匀,即得香波。

(2)将护发剂配方中的油相和水相分别加热至70~75℃,再将水相倒入油相搅拌,冷却至35~40℃时加入双氧水、香精和/或色素,搅拌均匀即得护发剂。

【注意事项】 本品包括香波和护发剂。

香波中也可以选择性地加入阳离子聚合物、水解蛋白等调理剂、pH值调节剂、增稠剂、色素、香精、防腐剂、抗氧剂、络合剂等组分。护发剂中也可以加入适量的香精和/或色素。

染发组分可以是对苯二胺、2,5-二氨基甲苯、对甲基苯二胺、间二氨基茴香醚、邻氨基酚、间苯二酚、儿茶酚、连苯三酚中的一种或其组合物。

香波中的表面活性剂可以是阴离子表面活性剂、非离子表面活性剂或两者的混合物。其中,阴离子表面活性剂主要选用烷基或烷基醚硫酸盐,另外一些阴离子表面活性剂有脂肪酸合成的肥皂、α-烯烃磺酸盐类、磷酸酯类等,它们可以单独使用或配合使用;非离子表面活性剂主要有脂肪醇酰胺类、氧化脂肪胺类、茶皂素、吐温系列等。

护发剂中的乳化剂为阳离子表面活性剂、阴离子表面活性剂及两性表面活性剂和/或非离子表面活性剂,可由一种或多种复合而成;头发调理剂可以是阳离子类表面活性剂、阳离子类高聚合物、硅油、高级脂肪醇、脂肪酸酯和/或水解蛋白以及一些植物精华如海灵草提取液等中的一种或多种组合。

【产品应用】　本品是一种染发香波。

【使用方法】　使用时,先用香波洗发,再将护发剂涂抹于头发上,使用2~3次后,黄、白发自然变黑,且对因烫发和染发引起的受损发质具有明显的修复效果。

【产品特性】　本品工艺简单,配方科学,性能优良,用后效果理想,可使头发柔软、富有光泽,对手及皮肤无污染,使用方便。

实例18　染发膏

【原料配比】

原　　料		配比 (质量份)				
		1#	2#	3#	4#	5#
A	白油	30	40	32	35	38
	石蜡	2	7	3	5	7
	凡士林	2	6	3	4	5
	羊毛脂	1	5	2	3	4
	硬脂醇醚-2	0.1	1	0.7	0.5	0.3
	对羟基苯甲酸乙酯	0.1	0.5	0.5	0.3	0.2
	聚乙二醇	1	8	2	5	7

续表

原　料		配比（质量份）				
		1#	2#	3#	4#	5#
B	去离子水	40	60	40	45	50
	脂肪醇聚氧乙烯醚	1	5	2	3	4
	硼砂	0.1	1	0.8	0.5	0.2
	氯化亚铁	0.1	0.5	0.4	0.3	0.2
	EDTA-2Na	0.1	1	0.2	0.5	0.8
	尼泊金甲酯	0.2	1	0.7	0.5	0.3
	斯盘-60	1	5	2	3	5
	羟甲基纤维素	1	5	2	3	5
	2,4-二羟基苯乙醇	0.1	1	0.7	0.5	0.2
	氨水（28%）	2	10	3	5	8
香精		0.2	0.6	0.3	0.4	0.5

【制备方法】

将 A、B 两组分中各原料分别混合后，加热至 85～90℃，直至混合均匀；在缓缓搅拌下将 B 组分加入 A 组分中，搅拌冷却至 40℃时加入香精，然后冷却至常温，即得产品。

【产品应用】　本品用于染发。

【使用方法】　使用时，将本品均匀涂抹头发上，2h 后自然可起到染色效果。

【产品特性】　本品配方科学，工艺简单，成本低；产品各项指标均符合标准，使用效果好，染发均匀，不损伤发质；配方中不含苯胺类及酚类等有害物质，不含铅、汞等重金属成分，对人体无不良影响，绿色环保。

实例19　散沫花粉染发剂

【原料配比】

原料		配比（质量份）				
		1#	2#	3#	4#	5#
软化处理剂	巯基乙酸钠	4	5	6	2.5	7.75
	硫代硫酸钠	1	1.5	1.4	0.15	0.18
	羧甲基纤维素钠	1.5	1	1.7	1.17	1.3
	乙二胺四乙酸二钠	0.3	0.4	0.35	0.18	0.25
	一乙醇胺	5.5	6	7.5	8.5	7.75
	精制水	87.7	86.1	83.05	87.5	82.77
染料制剂	散沫花粉	6	6.5	18	2.5	10
	栀子蓝色素	2	—	—	—	—
	茜素红色素	—	3	—	3	—
	硫酸铜	—	—	3.75	—	4
	羧甲基纤维素钠	1.5	1.5	1.15	1.7	1.6
	十二烷基硫酸钠	1.5	1.7	2.62	2.5	2
	精制水	89	87.3	74.48	90.3	82.4

【制备方法】

（1）将巯基乙酸钠、硫代硫酸钠、羧甲基纤维素钠、乙二胺四乙酸二钠、一乙醇胺依次加入精制水中，搅拌直至溶解完全，即得到软化处理剂。

（2）将散沫花粉、配色成分（栀子蓝色素、茜素红色素、硫酸铜）、羧甲基纤维素钠、十二烷基硫酸钠依次加入精制水中，搅拌直至溶解完全，即得到染料制剂。

（3）以上两剂分别生产，分别包装及存放。

【注意事项】

配色成分可以是栀子蓝色素、茜素红色素、硫酸铜中的任意一种。如采用栀子蓝色素，其质量配比范围是1.5~3，染出的头发颜色为自然黑色;如采用茜素红色素,其质量配比范围是 1.5 ~ 4.5,染出的头发颜色为自然棕色;如采用硫酸铜,其质量配比范围是 2.5 ~5,染出的头发颜色为自然红色。

散沫花粉的外观为红色粉末,是一种将散沫花的叶子粉碎,经萃取和干燥而得的干燥植物粉末,属于渗透性色素,可牢固沉积于毛发的角质层中,可使毛发着微红色或赤褐色。

由于散沫花粉上色速度较慢,且易结成块,难于均匀地涂抹于毛发上,所以采取对头发进行软化的方法。巯基乙酸钠、硫代硫酸钠、半胱氨酸及其衍生物等,能与毛发内部的二硫键作用,使毛发的毛鳞片张开,软化头发,使染料分子易于进入发丝内,同时使散沫花粉易于分散。

纯散沫花粉只局限于微红色与赤褐色,通过用散沫花粉与其他色素(如靛蓝、姜黄色素、栀子黄色素、红曲色素等)和金属离子(如铜离子、铁离子、镁离子等)作用产生了新的颜色,从而获得了更宽的色系。如与靛蓝染料或栀子蓝同时使用,就可得到黑色,如把染得的红发即用铁离子制剂再洗染,就可得到深棕色。

【产品应用】　本品是一种染发剂。

【使用方法】　本品的使用方法是:将头发软化处理剂和染料制剂按比例(具体用量以制剂的黏度来控制,只要染发时膏体不往下滴即可)加入一非金属容器内,充分调和均匀,然后用毛刷将混合后的膏体均匀地涂在头发上,等待 30 ~40min 后洗净头发即可。

如果是黑发染彩色头发,则需要先对头发脱色,利用市售的脱色剂即可,先将黑发脱色至适当颜色,再实施染发操作效果更佳。

【产品特性】　本品工艺简单,配方科学,采用纯植物天然成分,不含任何氧化染料中间体,无毒副作用及刺激性,不产生过敏反应;使用后色泽自然稳定,与天然发色相似,头发具有光泽,克服了植物型染发剂多以粉状,不易操作的缺点。

实例20 天然植物染发剂(1)

【原料配比】

原料		配比（质量份）								
		1#	2#	3#	4#	5#	6#	7#	8#	9#
膏状物	甘菊	1	20	40	50	30	60	1	89	50
	凤仙花	52	42	30	25	40	20	54	6	5
	墨旱莲	43	38	30	25	30	20	45	5	45
膏状物		5	10	15	7	8	6	5	8	7
羧甲基纤维素		10	15	12	10	15	13	10	15	10
去离子水		85	75	73	83	77	81	85	77	83

【制备方法】

(1)将甘菊、凤仙花、墨旱莲混合,加入5~8倍的去离子水,加热煮沸40~80min(优选为1h),过滤,将滤液进行真空浓缩成膏状。

(2)取步骤(1)所得膏状物、羧甲基纤维素、去离子水混合均匀,即得成品。

【产品应用】 本品适用于各种质,染后头发色泽光亮,犹如自然黑发。

【使用方法】 将本品涂抹或用梳子梳涂于头发上即可。

【产品特性】 本品配方科学,工艺简单,使用方便;原料均由天然植物提炼而成,对人体和头发均无伤害,对头发生长具有营养作用,同时还具有防紫外线作用,效果理想。

实例21 天然植物染发剂(2)

【原料配比】

原料			配比（质量份）					
			1#	2#	3#	4#	5#	6#
A剂	助剂	瓜尔胶	2	1	3	2	1	3

续表

原　料			配比（质量份）					
			1#	2#	3#	4#	5#	6#
A 剂	助剂	聚季铵盐 7	3	—	—	—	—	—
		聚季铵盐 9	—	2	—	—	—	—
		聚季铵盐 11	—	—	5	—	—	—
		聚季铵盐 16	—	—	—	3	—	—
		聚季铵盐 47	—	—	—	—	2	—
		聚季铵盐 22	—	—	—	—	—	5
	氯化铁（金属螯合剂）		10	2	20	10	2	20
	羟乙基纤维素		1	0.5	2	1	0.5	2
	去离子水		加至 100	加至 100	加至 100	加至 100	加至 100	加至 100
B 剂	石榴皮提取物		10	2	15	10	2	15
	苏木提取物		—	—	—	2	1	3
	羟乙基纤维素		1	0.5	2	1	0.5	2
	去离子水		加至 100	加至 100	加至 100	加至 100	加至 100	加至 100

【制备方法】　分别将 A、B 剂中各原料混合均匀即可。

【注意事项】　金属螯合剂是可溶于水的铁盐或亚铁盐。

A 剂中,可以使用瓜尔胶或羟乙基纤维素或聚铵盐和金属螯合剂可溶性铁盐的混合物作为高效润湿渗透剂和调理剂。

石榴皮提取物的制备:取新鲜的石榴皮,洗净,晾干或烘干,用粉碎机粉碎,过筛;取过筛后的石榴皮加入水及亚硫酸钠、亚硫酸氢钠(过筛后的石榴皮、水、亚硫酸钠和亚硫酸氢钠的质量配比为 20:150:1:1),加热搅拌约 8h,趁热过滤,滤液减压蒸馏并浓缩,即得。

苏木提取物的制备：取苏木干燥心材 50g，粉碎，加入去离子水 250g，煮沸提取约 30min，反复提取 3 次，合并提取液，浓缩即得。

【产品应用】　本品是一种天然植物染发剂。

【使用方法】　将 A 剂用小毛刷等均匀涂布于头发上，在室温下静置 8～10min，若室温较低可适当加热头发或延长等待时间；用清水洗去残留的 A 剂，再将 B 剂同样用小毛刷等均匀涂布于头发上，再静置 8～10min，头发即被染成黑色，用清水洗净残留药剂即可。

用量：一般 10cm 以内短发使用 A、B 剂各 30mL，30cm 左右的长发使用 A、B 剂各 80mL。

【产品特性】　本品采用瓜尔胶和聚季铵盐等组成复合组合物、中草药活性提取成分、金属离子溶液等原料，使产品在分步上染头发后，通过瓜尔胶和聚季铵盐的协同作用，有效成分迅速渗入头发，在较短时间内发生络合反应，迅速形成较大的络合化合物并被封闭在头发的孔隙中，快速染发的目的。

本品以天然提取物为主要成分，不含苯胺类、氨及强氧化剂等，无毒，使用后副作用小；本品能够较好地渗入发丝，上染速度快，整个过程只需 20min 左右，且上染率高达 40%，染色均匀度好，染后头发呈自然黑色，不易褪色，不沾染；耐洗性能良好，染后可耐正常皂洗 8 次以上；此外，由于本品采用两剂型，便于保存和使用。

实例22　纯天然黑发宝

【原料配比】

原　　料		配比（质量份）
药物	丹参	20
	生姜	20
	薄荷	5
	桑叶	5
	首乌	25

续表

原　料		配比（质量份）
药物	黑芝麻	10
	黄精	10
	地黄	5
药物∶菜油		30∶70

【制备方法】　本品的生产工艺包括净选、切制、干燥和油制、包装等常规工艺。

【产品应用】　本品能够促进黑发滋生，达到美发的功效。

【产品特性】　本品药源广泛，配方科学，工艺简单，成本低廉；产品质量稳定，使用效果好，标本兼治，并且无任何毒副作用，安全可靠。

实例23　洋苏木提取物染发剂

【原料配比】

原　料		配比（质量份）
第1剂	L-半胱氨酸	5~25
	羧甲基纤维素钠	0.5~2
	乙二胺四乙酸二钠	0.2~0.5
	乙醇胺	适量
	水	加至100
第2剂	洋苏木提取物	6~8
	羧甲基纤维素钠	1~3
	十二烷基硫酸钠	1~2
	水	加至100

续表

原　　料		配比(质量份)
第3剂	硫酸亚铁	4~10
	羧甲基纤维素钠	1~3
	十二烷基硫酸钠	1~2
	水	加至100

【制备方法】 将各剂按配方备好药品,置于同一容器中搅拌均匀即可。三剂分别生产、包装及存放。

【注意事项】 本品为三剂型。第1剂为软化处理剂简称软化剂,第2剂为染色剂,第3剂为离子螯合剂。

以上配方染出的头发为黑色或棕黑色。如果将洋苏木提取物换成纯净的苏木素或巴西木素以及其氧化物——氧化苏木素或氧化巴西木素,则用量可减到原量的1/4~1/5,效果相同。如果改变金属离子,如用铜离子,则可以染成紫红色的头发。

由于纯净的苏木素和巴西木素的价格昂贵,本染发剂使用洋苏木提取物的粗制品。制取方法是:将洋苏木制成小颗粒或薄片,在浸泡罐内以50%的甲醇水溶液为溶剂,在50~60℃下浸泡数次;将浸液过滤后,减压蒸出溶剂,之后再烘干粉碎即得粗品,可直接使用。

【产品应用】 本品用于将头发染成黑色或紫红色,同时能修补由于烫发和染发造成的头发损伤,改善发质。

【使用方法】 将第1、第2剂等体积地加入一非金属容器内,再用一非金属棒搅匀,然后用特制的小毛刷(或牙刷)将混合后的药品均匀地涂在头发上,于室温20~30℃下等待15~20min,温度低时可适当加热或延长染发时间,头发变软后,用水洗去药液;再用第3剂做同样的操作,涂在头发上,稍等约5min头发即变成所需的颜色,洗净头发即可。

用量:视头发多少而定。一般男式短发第1、第2剂各15mL,第3剂20mL;女式短发第1、第2剂各约20mL,第3剂约30mL;长发第1、第2剂各40mL,第3剂60mL。

【产品特性】 本品工艺简单,配方科学,质量容易控制;用后头发色泽自然,与天然发色相似,无染发痕迹,效果理想,并且无毒副作用,不会导致过敏反应,长期使用对身体无害。

实例24 天然染发剂

【原料配比】

原 料		配比(质量份)				
		1#	2#	3#	4#	5#
A剂	儿茶色素	20	6	10	15	18
	乙醇	100	50	20	50	30
	加水	至200	至200	至200	至200	至200
B剂	$FeSO_4 \cdot 7H_2O$	10	2	4	6	7
	还原铁粉	2.0	0.4	0.8	1	1.5
	聚乙二醇	10	20	6	2	20
	羧甲基纤维素	2	10	4	4	3.0
	醋酸	0.3	1	1	0.5	0.5
	薰衣草香精	0.2	0.6	0.2	—	—
	茉莉花香精	—	—	—	0.6	—
	玫瑰香精	—	—	—	—	0.2
	加水	至200	至200	至200	至200	至200

【制备方法】 将A、B剂各组分分别混合均匀即可。

【注意事项】 A剂中的有机溶剂为乙醇、异丙醇、苯甲醇、苯乙醇、乙二醇、1,2-乙二醇的单甲基、单乙基或单丁基醚、丙二醇中的一种。

B剂中的亚铁盐媒染剂是化妆品中允许使用的任何含Fe^{2+}的盐类,表面活性剂包括阴离子、阳离子、两性或非离子表面活性剂,增稠剂包括阿拉伯树胶、甲基纤维素、羧甲基纤维素、羟乙基纤维素、羟丙基纤维素中的一种或几种组合,酸化剂包括盐酸、磷酸、醋酸、乳酸、酒石酸或柠檬酸,亚铁盐媒染剂包括 $FeSO_4$,表面活性剂包括聚乙二醇。

A 剂与 B 剂是溶液或任何程度增稠或加胶的液体或乳剂形式。

【产品应用】　本品主要应用于染发。

【使用方法】　染发时,先将 A 剂均匀涂抹于洗净的头发上,在常温至 50℃下染发 20~40min,然后将 B 剂均匀涂抹于头发,媒染 10~20min 后,将头发洗净吹干,染后头发呈自然的棕黑色。

【产品特性】

(1)A、B 两剂均为水制剂,并保持弱酸性或中性,有助于在不损伤头发的前提下对头发进行染色。

(2)用植物色素儿茶色素代替了合成染料,制剂中没有使用对人体有潜在危害的试剂,且反应中也没有有毒物质生成。

(3)儿茶价格便宜,是苏木红的几十分之一,用其开发的染发剂成本低廉。该染发剂无毒副作用、安全可靠、染发效果好,且价格便宜。

实例25　以黄连提取物为染料的天然染发剂

【原料配比】

原　料	配比(质量份)								
	1#	2#	3#	4#	5#	6#	7#	8#	9#
羧甲基纤维素钠	3.0	3.0	3.0	3.0	3.0	3.0	3.0	3.0	3.0
亚硫酸钠	1.0	1.0	1.0	1.0	1.0	1.0	1.0	1.0	1.0
乙二胺四乙酸二钠	0.3	0.3	0.3	0.3	0.3	0.3	0.3	0.3	0.3
单乙醇胺	15.0	15.0	15.0	20.0	15.0	15.0	15.0	15.0	15.0
巯基乙酸胺	5.0	—	—	—	—	—	—	—	—
N-乙酰半胱氨酸	—	10.0	—	—	—	—	—	—	—
半胱氨酸盐酸盐	—	—	—	15.0	—	—	—	—	—
L-半胱氨酸	—	—	15.0	—	—	—	—	—	—
生姜提取液	—	—	—	—	5.0	5.0	—	5.0	5.0
姜	—	—	—	—	—	—	5.0	—	—

续表

原　料	配比（质量份）								
	1#	2#	3#	4#	5#	6#	7#	8#	9#
黄连提取物	5.0	5.0	5.0	5.0	5.0	5.0	5.0	5.0	5.0
高粱红色素	—	—	—	—	—	10.0	—	—	—
没食子酸	—	—	—	—	—	—	4.0	—	—
洋苏木	—	—	—	—	—	—	—	4.0	—
绿矾	—	—	—	—	—	—	3.0	3.0	—
虎杖	—	—	—	—	—	—	—	—	3.0
去离子水	70.7	65.7	60.7	60.7	70.7	60.7	63.7	63.7	67.7

【制备方法】　将所述原料按下述质量百分比羧甲基纤维素钠,亚硫酸钠,乙二胺四乙酸二钠,单乙醇胺,头发软化剂或渗透剂,黄连提取物,去离子水余量依次缓慢加入去离子水中,并辅以搅拌,直到各种组分均完全溶解,继续搅拌至溶液均匀,即得到天然植物染发剂,如量大,超过10千克最好用均质机,均质后再包装。

【注意事项】　所述处理剂由羧甲基纤维素钠、亚硫酸钠、乙二胺四乙酸二钠、单乙醇胺、软化剂或渗透剂和去离子水组成;黄连提取物构成染料制剂部分。

使用了黄连提取物为染料,该染料主要成分为小檗碱及其衍生物和盐,它们可以单独使用,也可混合使用,效果相同。软化剂化合物可选用巯基乙酸胺、硫代硫酸钠、半胱氨酸同系物、衍生物及其盐(如L－半胱氨酸、N－乙酰半胱氨酸、半胱氨酸盐酸盐),它们能和毛发内部的二硫键作用,使毛发的毛鳞片张开,软化头发。

所述渗透剂可选用丁香、生姜提取液、氮酮。黄连提取物的外观为棕黄色粉末,与头发具有较强的亲和力,可以将头发染成黄色,也可以与配色成分(如没食子酸和绿矾、高粱红色素、虎杖、洋苏木和绿矾)复配产生新的颜色。

【产品应用】　本品主要应用于日用化工行业的美发产品,即染发剂,其特征在于该天然染发剂配方中使用了黄连提取物或其主要成分小檗碱以及其衍生物或盐为染料制剂。小檗碱,又称黄连素,是一种阳离子型季铵盐类生物碱。其各个成分可以单独使用或混合使用,效果相同。

【使用方法】　首先将头发洗净,用毛巾擦净头发上的水分,然后将天然染发剂均匀涂抹在头发上,室温下保持 20～40min,用温水冲洗干净即可。

【产品特性】　本产品提供的天然染发剂不含化学合成染料、双氧水,安全无毒副作用。染发剂不含化学过敏成分,即使是化学染发严重过敏者,也不会过敏。染发剂不含双氧水,不损伤发质,使用本品染发剂后的头发,发质柔顺自然,色泽亮泽。

实例26　天然药物无毒染发膏

【原料配比】

原　　料		配比(质量份)		
		1#	2#	3#
1号染发膏	丁香	4	8	6
	五倍子	12	10	8
	诃子	2	5	3
	大黄	5	2	3
	艾叶	2	3	3
	半胱氨酸盐酸盐	3	2	4
	防腐剂凯松	0.025	0.025	0.03
	抗氧化剂亚硫酸钠	0.5	0.5	0.5
	阴离子表面活性剂	3.15	3.35	3.25
	两性表面活性剂	5	5	5
	氯化钠	0.57	0.67	0.77
	去离子水	其余	其余	其余

原　　料		配比(质量份)		
		1#	2#	3#
2号染发膏	绿矾	7	3	5
	防腐剂凯松	0.025	0.025	0.03
	阴离子表面活性剂	3.15	3.35	3.25
	两性表面活性剂	5	5	5
	氯化钠	0.57	0.67	0.77
	去离子水	其余	其余	其余

【制备方法】

(1)将丁香、五倍子、诃子、大黄和艾叶混合,加入10倍量的去离子水,搅拌加热至50~55℃,保持12h,过滤;再加8倍量去离子水,在相同条件下重提一次,合并滤液,浓缩至所需体积,加半胱氨酸盐酸盐、凯松和亚硫酸钠。另取阴离子表面活性剂,在沸水中溶解,加入两性表面活性剂,搅拌溶解,加入上述中药提取液,拌匀,再加入氯化钠,充分搅拌至黏稠,检验,包装。

(2)将绿矾加10倍量去离子水,加温至40℃,溶解过滤,向滤液中加入凯松。另取阴离子表面活性剂,在沸水中溶解,加入两性表面活性剂,搅拌溶解,加入绿矾溶液,拌匀,再加入氯化钠,充分搅拌至黏稠,检验,包装。

【注意事项】 艾叶为杀螨防脱发剂,半胱氨酸盐酸盐为还原剂,阴离子表面活性剂、两性表面活性剂和氯化钠为增稠剂。

【产品应用】 本品主要应用于特殊用途化妆品,它是用几种天然药物提取的有效成分和助染剂制备而成的无毒副作用染发剂。

【使用方法】 先使用1号染发膏,均匀涂抹在白发上,用阻燃型电热帽加热20min,擦掉1号染发膏余液;再涂2号染发膏,继续加热20min,放冷,洗掉浮色即可。

【产品特性】 本产品的染黑发膏在保持非氧化永久性染发牢度

基础上,取得了四个新发展:半胱氨酸盐酸盐易溶于水,高浓度还原剂更易切断头发角蛋白二硫键加大头发毛小片间隙;大黄鞣质分子较小,易于渗入头发毛小片间隙,染黑效果更好;染发膏使用时不会四处滴洒,不会损坏染发者的衣服;艾叶水提取液有杀螨作用,对由寄生在人体毛囊和皮脂腺内的螨虫引起的脂溢性皮炎和脱发有治疗作用。

实例27 天然植物染发剂

【原料配比】

原 料		配比(质量份)				
		1#	2#	3#	4#	5#
多元醇相		42	20	43.2	43	50
水相		余量	余量	余量	余量	余量
多元醇相	丙二醇	40	—	—	40	—
	甘油	—	20	—	—	—
	1,3-丁二醇	—	—	40	—	—
	多元醇	—	—	—	—	30
	卵磷脂脂质体	1	0.5	1.2	2	1.5
	苏木精	1	3	2	1	2.5
水相	硫酸亚铁	1.2	2	1	0.9	2
	氯化亚铁	—	1	—	—	—
	瓜尔胶	—	—	—	—	1.5
	丙烯酸类增稠剂 SIMULGEL FL	0.85	—	—	0.5	—
	羧甲基纤维素	—	2	0.8	—	—
	指甲花提取液	—	—	—	1	1
	没食子酸	—	—	1	—	1
	水	余量	余量	余量	余量	余量

【制备方法】　将多元醇相的原料在 60 ~ 85℃下混合均匀;将水相的原料混合均匀,并预热至 60 ~ 85℃;在水相中加入混合均匀的多元醇相,混合均匀,降温得到产品。

【注意事项】　多元醇为丙二醇、甘油、异丙醇、1,3 - 丁二醇中的至少一种,纳米包裹载体为脂质体,水溶性亚铁盐为氯化亚铁和硫酸亚铁中的至少一种,增稠剂为丙烯酸类增稠剂、瓜尔胶、纤维素中的至少一种。

【产品应用】　本品是一种新型的单组分天然植物染发剂。

【产品特性】　本产品以天然植物提取物为主要成分,不含苯二胺或半胱胺酸等有毒化学品、不含有毒矿物质及漂白剂,天然无毒,使用后无副作用,安全性较常规染色剂大大提高;本品为单组分剂,保存、使用方便;使用本产品方法制得的天然植物染发剂,染发活性成分包裹更为均匀,效果更好。

实例28　植物生态染发剂

【原料配比】

1.染色剂

原　料		配比(质量份)				
		1#	2#	3#	4#	5#
染料	鞣酸	15	13	9	4	1
	板蓝根	1	4	6	6	15
基质	白凡士林	13	13	13	13	13
	液体石蜡	3	3	3	3	3
	硬脂酸	5	5	5	5	5
	苯甲酸钠	0.4	0.4	0.4	0.4	0.4
	丙三醇	8	8	8	8	8
	聚乙二醇	4	4	4	4	4
	十二烷基硫酸钠	0.4	0.4	0.4	0.4	0.4

续表

原　料		配比（质量份）				
		1#	2#	3#	4#	5#
基质	斯盘-Span60	1.2	1.6	0.7	1.2	0.7
	吐温-Tween60	1.5	0.8	1.8	2	—
	羟乙基纤维素	0.8	0.5	0.3	1	—
	海藻酸钠	1.2	—	—	2	0.5
	卡波姆	—	0.6	1.0	—	—
pH值调节剂	碳酸钠	1.2	1.0	—	0.1	2.0
	氢氧化钾	1.0	1.5	3	2.4	0.1
上染助剂	亚硫酸钠	—	0.5	—	1.0	0.1
	半胱氨酸	1	8	5	15	6
	疏基乙醇	8	4	12	1	10
水	去离子水	50.3	47.7	30	60	38.5

2. 助染剂

原　料		配比（质量份）				
		1#	2#	3#	4#	5#
基质	白凡士林	13	13	13	13	13
	液体石蜡	3	3	3	3	3
	硬脂酸	5	5	5	5	5
	苯甲酸钠	0.4	0.4	0.4	0.4	0.4
	丙三醇	8	8	8	8	8
	聚乙二醇	4	4	4	4	4
	十二烷基硫酸钠	0.4	0.4	0.4	0.4	0.4
	斯盘-Span60	1.2	1.6	0.7	0.5	0.7

原　　料		配比（质量份）				
		1#	2#	3#	4#	5#
基质	吐温-60	1.5	0.8	1.8	0.5	2.9
	羟乙基纤维素	0.8	0.5	0.3	1	—
	海藻酸钠	1.2	—	—	0.2	1.5
	卡波姆	—	0.6	1.0	—	—
	羟乙基纤维素	0.8	0.5	0.3	—	1.6
	水性硅油	10	7	1		8.5
染色助剂	硫酸亚铁	1	15	—	5	—
	半胱氨酸	—	—	15	—	1
水	去离子水	30	40.7	46.4	52.8	60

【制备方法】 将染色剂和助染剂中的基质原料和水在 70～85℃ 下乳化成膏体，按比例将基质膏体分成染色剂基质和助染剂基质，在染色剂基质中加入板蓝根、鞣酸和上染助剂，用 pH 值调节剂碳酸钠和氢氧化钾（或氢氧化钠）调节染色剂的 pH 值得染色剂，在助染剂基质中加入络合剂亚铁盐或铁盐制成助染剂，染色剂和助染剂分开包装。

【注意事项】 所述染发剂中鞣酸、板蓝根和染色助剂最佳的质量比为1:1:1。

所述植物生态染发剂的染色剂 pH 值为 8～10。在本品中，优选碳酸钠、氢氧化钾或氢氧化钠调节染色剂的 pH 值。

【产品应用】 本品主要用于染发。

【使用方法】 先将染色剂均匀的涂覆在头发上，保持 20～25min 后再将助染剂均匀的涂覆在附有染色剂的头发上，再保持 20～25min，洗去浮色即可。

【产品特性】 本产品染发剂的染料是鞣酸和板蓝根，都是从中草药中提取的天然成分，无毒无害并具有一定的药用功能，在染发时，染料与助染剂中的铁盐或亚铁盐络合生成黑色络合物可将头发染成黑色,在染色剂中加入上染助剂还可帮助染料渗透,使人发易于着色,本产品染发剂中不含化学合成染料,安全环保,上染率高,染色后色泽自然,光泽性好,耐洗,耐晒,是一种环保型的染发剂。

第六章　护发化妆品

实例1　护发素(1)

【原料配比】

原　　料	配比(质量份)
脂肪醇	3 ~ 7
硬脂酰胺丙基二甲基叔胺	1.5 ~ 6
丙二醇	3 ~ 5
二甲基硅油	2.5 ~ 6
聚氧乙烯醚 - 45	0.1 ~ 0.6
有机酸	0.2 ~ 2.5
混合物①	0.3 ~ 0.5
香精	0.1 ~ 0.5
乙二胺四乙酸二钠	0.1 ~ 0.5
去离子水	72 ~ 91

　　注　混合物①是指二羟甲基二甲基乙内酰脲和 3 - 碘 - 2 - 丙炔基氨基甲酸丁酯的混合物。

【制备方法】

　　(1)将脂肪醇、二甲基硅油加热混匀,作为 A 相,将聚氧乙烯醚 - 45 加入 A 相中混匀。

　　(2)将硬脂酰胺丙基二甲基叔胺溶于去离子水中,加入丙二醇以及除香精外的其余原料混匀,作为 B 相。

　　(3)将 A、B 两相加热至 90℃,维持 20min 灭菌。

　　(4)当水相 B 降温至 74 ~ 76℃,油相 A 降温至 69 ~ 71℃时,将油相加入水相中,搅拌,维持温度为 70 ~ 75℃下剪切乳化 25min。

　　(5)乳化后搅拌冷却至 50℃时加入香精,继续搅拌冷却至 40℃包装产品。

【注意事项】 本品中脂肪醇可以是十六醇、十八醇中的一种或其混合物。

有机酸可以是柠檬酸、乳酸、三甲基氨基乙酸、谷氨酸中的一种或其混合物。

【产品应用】 本品具有优异的保湿性及梳理性,对发质有改善,特别是对受损发质有明显的改善,适合每天使用,并对染后头发有锁色效果。

【产品特性】 本品配方科学合理,没有采用传统阳离子化合物与乳化剂,配方中的硬脂酰胺丙基二甲基叔胺在酸性条件下,能在头发表面形成保护性膜,起到光亮柔软、保湿的作用,在酸性条件下,此原料具有较好的乳化性能,能够替代常规乳化剂,在配方中起到乳化作用,克服传统护发素采用阳离子表面活性剂及乳化剂所带来的积聚与刺激性问题,并且它与其他原料相复配性良好,从而使本品使用效果显著。

实例2 护发素(2)

【原料配比】

原　　料	配比(质量份)			
	1#	2#	3#	4#
茶油	4.2	6	8	10
二甲基硅油	4	2	2.5	2
十六醇	2.5	2.2	2	2
斯盘-80	0.8	1	1	1
吐温-80	2	1.5	2	2
十六烷基三甲基氯化铵	3	2.5	2.5	3
丙三醇	5	5	5.5	5.5
尼泊金甲酯	0.2	0.2	0.2	0.2

原　　料	配比（质量份）			
	1#	2#	3#	4#
香精	0.5	0.5	0.5	0.5
水	77.8	79.1	75.8	73.8

【制备方法】

（1）将茶油、二甲基硅油、十六醇加热混匀，作为 A 相，将乳化剂斯盘－80 和吐温－80 加入 A 相中混匀。

（2）将十六烷基三甲基氯化铵溶于水中，加入丙三醇、防腐剂尼泊金甲酯混匀，作为 B 相。

（3）将 A、B 两相加热至90℃，维持 20min 灭菌。

（4）当水相 B 降温至74～76℃，油相 A 降温到 69～71℃时，将油相加入水相中，搅拌，维持温度为 70～75℃下剪切乳化25min。

（5）乳化后搅拌冷却至50℃时加入香精，继续搅拌冷却至40℃包装产品。

【产品应用】 本品能有效抗静电，使头发顺滑，容易梳理，长期使用能有效改善发质，修复受损头发。

【使用方法】 洗发后擦干头发，将本护发素均匀涂抹在头发及发梢上，使其在头发上停留 5min 后，用清水冲洗即可。

【产品特性】 本品原料易得，配比科学，工艺简单，生产成本低；产品稳定性好，性质温和，使用效果显著，并且无刺激性，无过敏反应。

实例3　天然免洗养发护发素

【原料配比】

原　　料	配比（质量份）
当归提取液	12
白术提取液	12
生地黄提取液	8

续表

原　　料	配比（质量份）
何首乌提取液	8
肉桂提取液	8
乌梅提取液	8
地骨皮提取液	6
桑白皮提取液	6
润泽保湿剂甘油	12
消毒止痒剂乙醇	16
阳离子表面活性剂十六烷基三甲基溴化铵	2
增稠剂羧甲基纤维素	1
防腐剂苯甲酸	0.5
香精	0.3
叶绿素	0.2

【制备方法】

（1）将中药当归、白术、生地黄、何首乌、肉桂、乌梅、地骨皮、桑白皮全部洗涮干净，然后混合粉碎成粗粒，加适量纯净水，采用煎煮法制得药液，将药液过滤，再用活性炭去除杂质、脱色，得提取液Ⅰ。

（2）将苯甲酸、叶绿素与乙醇混合搅拌均匀，得混合液Ⅱ。

（3）将提取液Ⅰ加温至70～80℃，然后将十六烷基三甲基溴化铵、羧甲基纤维素、甘油分次加入，一边加入一边搅拌，待温度降至30～40℃时，加入混合液Ⅱ和香精，继续搅拌充分后让其自然冷却至常温，即得成品。

【产品应用】　本品为水溶性液态型外用美发品。使用后可促进头发的正常生长，同时又通过护理发梢，使头发柔软、光亮、有弹性，达到自然美发和护理的双重效果。

【产品特性】　本品工艺简单，配比科学，主要原料为中药材，对人体无毒副作用,使用安全方便,以养发为主,养护结合,效果理想。

实例4 天然药物型保健护发洗发素

【原料配比】

原　　料		配比(质量份)		
		1#	2#	3#
护发洗发素	豆浆药物制取液	26.5	30	40
	水	65	62	52.5
	水解动物蛋白	8	6	4
	甘草酸	0.5	1	1.5
	香料	—	0.5	1
	防腐剂	—	0.5	1
豆浆药物制取液	菊花(甘菊花)	50	60	100
	蔓荆子	30	35	50
	侧柏叶	30	35	50
	川芎	30	35	50
	桑白皮(桑根白皮)	30	35	50
	旱莲草(墨旱莲)	30	35	50
	陈艾(艾叶)	20	35	50
	薄荷(薄荷叶)	20	30	40
	天麻	20	30	40
	花椒(川椒)	20	25	40
	豆浆	适量	适量	适量

【制备方法】

(1)制取豆浆:将大豆放入水中浸泡,浸泡时间为夏季6～8h,春秋季12～14h,冬季14～16h。将浸泡好的大豆磨浆,1kg大豆磨浆加水量为 8~10kg,磨至细度为 80~100 目,过滤 2 次,先用 80 目滤网,后用 100 目滤网过滤。

（2）制取豆浆药物制取液:将配方中的中草药倒入砂锅或反应器中,加入其质量 4~6 倍的豆浆,浸泡 1h 后加热煮沸,沸腾 30min 后停止加热,将药液滤入无毒容器中备用;然后再加入药物质量 4~6 倍的豆浆,加热沸腾 30min 后,将药液滤入无毒容器中与第一次滤入的药液混合备用。

（3）将水解动物蛋白倒入加热容器中,加入冷水浸泡 0.5h,然后加热溶化成浆液（加热温度不得超过 71℃,加热时应进行搅拌）,停止加热立即倒入豆浆药物制取液,搅拌均匀再加入甘草酸和香料、防腐剂,混合均匀即可。

【产品应用】　本品用作护发素。

【产品特性】

本品可使头发清爽柔黑、富于弹性和光泽,头发易于梳理,具有美发、止痒去屑、防止毛发变白及促进毛发生长的功效;对于干燥断发、发梢分叉有理疗恢复作用;对由于维生素、氨基酸、蛋白质及矿物质等的缺乏和皮脂腺激素平衡失调引起的头皮毛发病症,如脂溢性皮炎和鳞状皮肤癣有抑制和理疗作用。

实例5　天然植物防晒护发素

【原料配比】

原　　料	配比（质量份）
红景天提取物	0.5~5
硅油	2.5~3.5
聚氧乙烯油醇醚	0.5~1
十八烷基三甲基氯化铵	2~3
十六醇	2
甘油	5

续表

原　　料	配比（质量份）
水解动物胶	2~4
色素	0.2~0.5
尼泊金丙酯	0.1~0.3
香精	0.2~2
去离子水	加至100

【制备方法】

（1）将甘油和水解动物胶加入去离子水中，加热到100℃，保温5min，作为A相。

（2）将硅油、十六醇、十八烷基三甲基氯化铵、聚氧乙烯油醇醚和红景天提取物混合后加热至75℃溶解，作为B相。

（3）将A相加入B相，搅拌乳化，降温至45℃时加入香精、尼泊金丙酯和色素，搅拌均匀，于室温下出料，即得成品。

【产品应用】　本品可有效避免紫外线对头发和头皮造成的损伤。

【产品特性】　本品含有从天然植物红景天中提取的香豆素类物质，该化合物有很强的紫外线吸收能力，是一种安全性高、活性高的天然植物防晒剂，因而产品具有良好的防晒效果。

实例6　天然植物护发素

【原料配比】

原　　料	配比（质量份）		
	1#	2#	3#
柠檬汁	89.5	106.3	71
甘草提取物	3.6	4.3	2.9
十六醇	10.7	13	8.6
羊毛脂	7	4.3	5.7
聚氧乙烯硬脂酸酯	3.6	4.3	2.9

原　　料	配比（质量份）		
	1#	2#	3#
十八烷基三甲基氯化铵	7	8.5	2.9
丙二醇	18	13	14
精制水	211	264	171
苯甲酸钠	0.7	0.9	0.6
柠檬香精	适量	适量	适量
红花黄色素	适量	适量	适量

【制备方法】

(1)取新鲜柠檬洗净榨汁,挤压残渣,汁液合并过滤,加入防腐剂,静置24h,过滤备用。

(2)将油相原料十六醇、羊毛脂、聚氯乙烯硬脂酸酯与水相原料丙二醇、十八烷基三甲基氯化铵、精制水分别加热至70~75℃,于搅拌下混合两相使之乳化,继续搅拌,冷却至35℃时加入柠檬汁、甘草提取物、防腐剂、香精、色素,充分搅拌均匀,过滤,冷却至常温;经检验合格后,用灌装机装入包装物中,即为成品护发素。

【产品应用】　本品能够促进头皮、头发营养供应,头皮和头发毛囊血液循环及头发黑色素细胞生成,防止头发干燥,使头发柔软、乌黑、光亮、润泽。

【产品特性】　本品选料严谨,原料易得,工艺简单,适合工业化生产;产品色泽好,香味宜人,稳定性好,耐热耐寒;铅、汞、砷含量均符合国家标准,无刺激性,无过敏反应,使用安全。

实例7　中草药护发素

【原料配比】

原　　料	配比（质量份）		
	1#	2#	3#
覆盆子	10	20	15

原　料	配比（质量份）		
	1#	2#	3#
柳树枝	10	20	15
旱莲草	10	20	15
苦楝子	10	20	15
麻叶	10	20	15
桑叶	10	20	15
桑根白皮	10	20	15
野蔷薇枝	10	20	15
胡桃	5	10	7
大枣	5	10	7
蜂蜜	50	100	75
甘油	30	50	40
石蜡	30	50	40

【制备方法】 将上述中药榨汁与赋型剂蜂蜜、甘油和石蜡加入混合罐，搅拌混合均匀即可。

【产品应用】 本品为膏状体，能够有效清除毛孔内的污垢及分泌的油脂，抑制有害微生物的繁衍生成，加快血液循环，让头发得到高度的吸收，尤其对枯黄、灰白、易开叉折断的发质，用后可使头发乌黑光亮、柔顺蓬松，并可祛头屑、止痒。

【产品特性】 本品药源广泛，配比科学，工艺简单，成本较低；产品性质温和，无刺激性及毒副作用，使用方便，标本兼治，效果理想。

实例8　生物护发素
【原料配比】

原　料	配比（质量份）	
	1#	2#
人参	50	200

原　　料	配比（质量份）	
	1#	2#
枸杞	80	300
何首乌	100	400
当归	100	400
白酒(60度)	1320	—
白酒(70度)	—	10400
龟凤营养液	400	800
白酒(60度)	1200	—
白酒(70度)	—	4800
氯化钠	1	1.5
去离子水	150	400

【制备方法】

(1)将人参、枸杞、何首乌、当归去杂后混合在一起,粉碎成300~500目的细粉,倒入罐内,同时倒入白酒[药和酒的质量配比为1:(4~8)],在60~65℃条件下,密闭水解3~6h,然后过滤,滤液备用。

(2)将龟凤营养液倒入锅内,同时将白酒倒入锅内[营养液和酒的质量配比为1:(3~6)],加温到60~65℃时,不断搅拌液体1.5~4h,在搅拌过程中,加入氯化钠,然后过滤,滤液备用。

(3)将步骤(1)所得中药过滤液和步骤(2)所得营养液过滤液混合,倒入锅内,加温到60℃,加温过程中进行搅拌,时间为1~2h,然后冷却、过滤,在滤液中加入去离子水,搅拌均匀,装入瓶内密封即为成品。

【产品应用】　本品能够改善血液循环,同时可给血液提供所需的营养物质,使发根获得充分的营养而长出新的头毛,达到止脱、生发、护发的目的。

【使用方法】 将本品一次倒 2 ~ 4g 在头顶上,然后用手指将产品涂于头皮,并搓揉 2 ~ 3min,最后用发梳(不能用铁梳)由前往后梳40 ~ 60 次,再过 0.5h 后洗去。按此方法每天 2 次,早晚各一次。

【产品特性】 用龟凤营养液制成的产品具有丰富的营养成分,其中营养液中的蛋白质、氨基酸总含量高。营养液中含有 6.1mg/kg的硒元素,这种元素一般人为合成不了,它在护发过程中起到重要的作用,渗透性很强,能促进血液循环,将大量营养带入血液中,供给毛发。

本品生产成本低,工艺科学合理,采用低温水解方法,使中药中的有效成分都极大限度地保留下来,并且产品不含人工合成的防腐剂和添加剂,对人体肌肤无任何伤害。

实例9 护发液(1)

【原料配比】

原　　料	配比(质量份)
木槿叶	4
侧柏叶	4
何首乌	2
地骨皮	2
当归	1
天麻	1
没石子	1
诃子	1
生姜	1
水	170

【制备方法】

(1)将木槿叶、侧柏叶、何首乌、地骨皮磨成粉末。

（2）将当归、天麻、没石子、诃子加热略炒。

（3）将步骤（1）和（2）所得药粉混合,然后加入生姜和水一起煎煮,水开后停止加热,水凉重煮,如此反复 5～10 次,最后滤去药渣,即得成品。

【产品应用】 本品能够令头发柔润、光亮、乌黑,能防止头发脆断,还具有养阴清热、养血润燥的保健功能。

【产品特性】 本品工艺简单,药源广泛,配比科学,能够使各组分的药性充分发挥,使头发及头皮最大限度地深层次吸收其中的营养成分,使用效果显著,无任何毒副作用及不良反应。

实例10 护发液（2）

【原料配比】

原　　料	配比（质量份）
冬青（碎块状）	1
活性炭	0.5
甘油	1
薄荷油	0.1
防腐剂苯甲酸钠	0.1
水	48

【制备方法】 挑选野生冬青用水洗净,沥干,粉成碎块,将碎块状的冬青加入到水中,在煎煮锅内于 95～100℃ 下煎煮三次,第一次煎煮用水量为 14 份（质量份,下同）,煎煮 1h,过滤后得滤液 10 份,第二次煎煮用水量为 8 份,煎煮 45min,过滤后得滤液 6 份,第三次煎煮用水量为 6 份,煎煮 30min,过滤后得滤液 4 份;将三次滤液合并,合并后的滤液进行三次脱色,每次脱色时加入活性炭、防腐剂,补加水至 20 份,加入甘油、薄荷油,搅拌均匀,过滤,分装于瓶内即可。

【产品应用】 本品可减少头屑的产生,消除瘙痒及不适感,加强头皮营养,促进血液循环和毛发生长。

【使用方法】 洗净头发后,将头发擦干,将本品涂擦于头皮和毛发上,稍后用水清洗,每日涂擦一次。

【产品特性】 本品原料易得,工艺简单,使用效果显著,而且不刺激皮肤,无毒副作用,安全可靠。

实例11 健脑洗发护发液

【原料配比】

原　　料		配比(质量份)
健脑添加剂	勾藤	1.2
	松针	1
	生姜	1
	青蒿	0.9
	菊花	0.8
	栀子	0.8
	熟地	0.8
	红花	0.7
	葛根	0.4
	防风	0.6
	羌活	0.8
	川芎	0.8
	丹皮	0.7
	霜桑叶	0.4
	旱莲草	0.6
	青连翘	0.6
	夏天无	0.6
	枸杞子	0.6
	石决明	0.6
	水	100

原　　料		配比（质量份）
表面活性剂	脂肪醇醚硫酸钠（AES）	8
	甜菜碱 BS-12	12
	烷基醇酰胺 6501	3
营养滋润剂	大豆磷脂	2
	螺旋藻	0.1
	蚕蛹提取物	0.1
调理剂	桃胶液（10%）	10
	珠光浆	4
	硅酯	2
增稠剂	638	0.8
	海盐	1
金属络合剂	乙二胺四乙酸钠	0.2
缓冲剂	柠檬酸	适量
	粮白醋	适量
防腐剂	凯松	0.03
辅加剂	香精	1
	色素	适量
茶皂素		1.5
天然高效保湿因子 MF-12		3
健脑添加剂		30
水		100

（注：左侧纵向大标题为"健脑洗发护发液"）

【制备方法】

（1）将上述各种中药材组分加水后煎煮取汁,经活性炭吸附脱色以后留用;再将已煎煮的药渣进行再次蒸馏,取冷凝后的药液与上述已净化的药液合并,取所需量留用。

（2）将护发液中各组分加入混合罐中,搅拌混合均匀即可。

【产品应用】　本品用作洁发护发液。

【产品特性】　本品配方科学,其中掺有的健脑添加剂的中药材具有活血化瘀、疏经活络等功效,使洗发液具有更强的渗透作用,能够通过人体经络刺激脑表皮神经,扩张头皮血管,达到健脑的目的。

实例12　降压护发液

【原料配比】

原　　料		配比（质量份）		
		1#	2#	3#
中药	野菊花	170	200	100
	皖蚕砂	120	130	50
	磁石	120	130	50
	川芎	130	130	50
	黄芪	130	130	50
	白芍	120	100	—
	当归	120	100	—
	何首乌	120	—	150
	桑叶	100	100	—
	薄荷	120	—	150
	百部	100	—	150
	淡竹叶	100	100	—
	清木香	—	100	—
	蔓荆子	—	—	150
	槐角	—	100	—

续表

原 料		配比（质量份）		
		1#	2#	3#
配料	医用乙醇（95%）	12	12	15
	医用甘油	0.2	0.1	0.4
	蓖麻油	0.4	0.2	0.6

【制备方法】

（1）中药浓缩煎液的制备：包括一次煎液、二次煎液和浓缩煎液的制备。其中一次煎液的制备是将混合中药先用清水洗净，装入煎药罐中，加入干药 10～15 倍质量的清水，煎煮 1～2h，倒出第一次煎液；随后往煎药罐中加入干药 5～10 倍质量的清水，继续煎煮 0.5～1h，倒出第二次煎液；将两次煎液合并放入煎药锅内，开盖用小火浓缩，至浓缩药液为干药质量的 10 倍时停止加热，制成中药浓缩煎液，备用。

（2）复方降压护发液的制备：将医用甘油和蓖麻油加入医用乙醇中，置于夹层锅内搅拌下加热至 80℃，再与步骤（1）所得的 80℃ 的中药浓缩液一起放入乳化机内，加入微量的防腐剂或香精乳化 0.5～1h，冷却至室温，装瓶包装。

【产品应用】 本品为外用护发液，具有降低血压的作用，同时能够减少头皮屑和减少脱发，使白发逐渐变黑。

【使用方法】 将药液均匀涂覆于头皮上，每日早晚各一次，每次用量 10～15mL。

【产品特性】 本品为乳化型外用药，使用非常方便，容易坚持使用。生产工艺简单，无须特殊设备，成本低廉，适于工业化生产。

实例13 养发护发生发液
【原料配比】

原 料	配比（质量份）		
	1#	2#	3#
当归	10	8	12

续表

原　　料	配比（质量份）		
	1#	2#	3#
清明柳	20	15	25
侧柏叶	200	160	210
生姜	200	180	220
白酒	500	490	510

【制备方法】　将当归、清明柳、侧柏叶、生姜精选后,生姜切片;将以上原料按配比浸泡在酒精度60%（体积分数）以上的纯粮白酒中,放在阴凉干燥处,密封7天后,取其澄清液即可。

【产品应用】　本品具有补脾益肾、养血安神、生发乌发、活血解毒的功效,对各种原因引起的脱发,尤其是脂溢性脱发、神经性脱性和斑秃具有良好的疗效。

【使用方法】　取本药液适量,涂抹于患处即可。

【产品特性】　本品由纯中药制成,药源广泛,配比科学,工艺简单,质量易控制;产品使用方便,能够促进头皮外部营养的吸收,促进血液循环,改善头发的营养状态,对人体无毒副作用及刺激性,不会导致过敏反应,安全可靠。

实例14　黑发护发品

【原料配比】

原　　料	配比（质量份）		
	1#	2#	3#
侧柏叶	1	2	5
零陵香	1	1	3
桑根白皮	1	1	3
何首乌	1	1	3

原　　料	配比（质量份）		
	1#	2#	3#
地骨皮	1	1	3
生姜	5	5	5
水	250	250	250

【制备方法】　将上述各组分磨成粉末,充分混合,再加入生姜和水,煎至水沸 5~7 次,即得成品。

【产品应用】　本品用于睡前洗头,可使头发乌黑柔润光亮,还具有养阴清热、养血润燥的保健功能。

【产品特性】　本品工艺简单,药源广泛易得,配比科学,能够使各组分的药性充分发挥,使头发及头皮最大限度地深层次吸收其中的营养成分,由内到外改善发质,使用效果显著,黑发效果稳定持久,并且无毒副作用。

实例15　防烫发液使头发变色的护发剂

【原料配比】

原　　料	配比（质量份）	
	1#	2#
白矾	0.2	0.5
生姜	0.5	1
大蒜	10	1.5
党参	10	5
双花	1	5
水	适量	适量

【制备方法】

(1)精选原料后,先将白矾溶于清水中,沉淀 24h,制备成含白矾

3%～10%的白矾水溶液备用。

(2)将生姜、党参、双花三种中药材干品用清水浸泡24h,再用步骤(1)所得白矾水溶液进行常规提取,去掉残渣,制成中药提取液,其中所含中药量相当于含生药0.1%～30%(优选相当于含生药0.1%～10%),备用。上述三种中药也可以使用鲜品,将三种新鲜药材分别捣碎后再用白矾水溶液提取。

(3)大蒜一般使用鲜品,先去皮,捣碎成浆,用清水提取制成相当于含生药0.3%～10%的大蒜提取液,备用。

(4)按所需成分,分别称取上述提取液(2)、(3),混合均匀,补充白矾水溶液至足量,即可制得护发液。

本品也可以制成护发膏、护发露等常用美发、护发用品。

【产品应用】 在使用普通烫发液烫发时,不论是国产烫发液或进口烫发液,若同时使用本护发液,就能保护头发不发生变黄、变脆,保持头发润泽、光滑,不发生头发干枯或脱发。

【使用方法】 一般在烫发过程中用过烫发液之后使用,用量为所用烫发液的50%～100%,用均匀喷雾的方式使用,在50～60℃条件下电烫加热20～30min,最后使用定型液;焗染和烫发同时进行时,仍可以在烫发中间使用,不影响焗染效果。

【产品特性】 本品药源广泛,配比科学,工艺简单易操作;产品性能优良,使用方便,对防止烫发液使头发变色具有特效,并且无任何毒副作用,安全可靠。

实例16 狸獭油护发品
【原料配比】

原　料	配比(质量份)
狸獭油	8
烷基聚氧乙烯醚硫酸钠	8.5
脂肪醇乙二醇酰胺	4.5
N,N-油酰甲基牛磺酸钠	14

原　料	配比(质量份)
烷基苯磺酸钠	2.5
纯水	适量

【制备方法】　称取狸獭油、烷基聚氧乙烯醚硫酸钠、脂肪醇乙二醇酰胺、N,N-油酰甲基牛磺酸钠加入容器中为油相,将烷基苯磺酸钠和纯水加入另一容器为水相,分别加热两容器至 65～90℃趁热过滤,然后将两者混合搅拌均匀,彻底乳化,待温度降至 30～40℃,即得成品。

制备过程必须在无菌条件下进行。

【产品应用】　本品用于清洁护理头发。

【产品特性】　本品工艺简单,配方科学,对头发具有更强的天然营养功能,使用效果好,无任何副作用。

实例17　毛发定型美发护发剂

【原料配比】

原　料	配比(质量份)		
	1#	2#	3#
酪蛋白	6	2	1.5
酪蛋白水解物	—	0.5	1
羊毛脂	—	0.7	—
聚乙二醇	—	0.1	—
山梨糖醇	—	—	0.003
醋酸羊毛脂	—	—	0.4
苯甲酸钠	0.03	0.03	0.03
卵磷脂	—	—	0.1
白兰花油	0.5	—	—

续表

原　　料	配比（质量份）		
	1#	2#	3#
白兰香精	—	0.06	0.06
无水乙醇	50	30	30
水	40	加至100	加至100

【制备方法】　称取酪蛋白放入烧杯中,加入水,将烧杯放入60℃水浴,边搅拌边加入10%氢氧化钠并维持pH值在8~8.5,至酪蛋白全部溶解;然后在搅拌器搅拌下用1mol/L的盐酸将溶液的pH值调至7;最后,加入乙醇及其他成分,混匀,过滤后装入带喷头的瓶中即可。

【产品应用】　本品具有良好的头发定型效果,对头皮和发根有滋润滋养作用。

【产品特性】　定型物或成膜物质为天然蛋白,无毒副作用,对人体无害;不使用有机气体推进剂,消除了由此引起的易燃易爆、污染环境和有害健康等问题,并可不受车船飞机限制随身携带。

实例18　去屑护发灵

【原料配比】

原　　料	配比（质量份）
乳香	2
防风	2
桔梗	2
首乌	2
川芎	2
独活	2
川椒	2
桂皮	5

原　　料	配比（质量份）
丹参	5
透骨草	5
天麻	10
水	500
白酒	5

【制备方法】 将配方中的中草药混合后加水，煎煮 20 ~ 40min,滤出浓汁(使之每毫升含生药 1g)，待浓汁变凉后再加入白酒，即得成品。

【产品应用】 本品可在数天内根治头屑，并具有止痒、护发、养发的功效。

【使用方法】 将本药液与治疗皮肤病的软膏(如肤轻松软膏)按 1:4 的比例混合后，当洗头时，将上述混合物与洗发用品配合使用并均匀抹在头发上，用手指轻揉 2 ~ 3min 即可用水冲洗。

【产品特性】 本品原料易得，配比科学，工艺简单;产品使用方便，见效快，效果稳定，对人体无毒副作用，安全可靠。

实例19　人参护发油

【原料配比】

原　　料	配比（质量份）
液体石蜡	75
橄榄油	22
水貂油	2
人参皂苷	0.05
香精	适量

【制备方法】 将配方中各原料加入混合罐,搅拌混合溶解即可制

得产品,其外观呈浅黄色油液,澄清透明,即得成品。

【产品应用】 本品为油溶性护发素,使用后可在头发表面形成一层薄膜,使头发乌黑、亮泽、柔软、易梳理,还能滋养头发。

【使用方法】 将洗发后的头发漂净,取1~2滴本品,滴入盛有清水的盆里,然后将头发浸入盆中,揉洗片刻即可。

【产品特性】 本品配方科学,工艺简单,成本低,质量容易控制。使用方便效果好,与护发素相比,增加了营养成分,增加了油性,防止头发断裂和脱落,且能减轻头皮炎症,防止干性头屑的产生。

实例20 免蒸滋养润发焗油膏

【原料配比】

原　　料	配比(质量份)
十八/十六醇	6
棕榈酸异丙酯	4.5
羊毛脂	1.75
鲸蜡硬脂醇醚-6和硬脂醇	3.3
鲸蜡硬脂醇醚-25	2.75
二甲基硅油	2.2
去离子水	68.9
十六烷基三甲基氯化铵	3.3
人参提取液	2.2
绞股蓝提取液	2.5
黑芝麻提取液	2.5
霍霍巴油	0.45
迷迭香精油	0.25
水解胶原蛋白液	0.45
香精	0.2
凯松	0.01

【制备方法】

(1)将十八／十六醇、棕榈酸异丙酯、羊毛脂、鲸蜡硬脂醇醚-6和硬脂醇、鲸蜡硬脂醇醚-25、二甲基硅油投入油相锅中,加热至85℃使物料完全溶解;

(2)将去离子水加入水相锅中,加入十六烷基三甲基氯化铵搅拌10min,再加入人参提取液、绞股蓝提取液、黑芝麻提取液,开始加热至85℃搅拌至物料完全溶解。

(3)将步骤(1)所得油相抽入真空乳化机中,再将步骤(2)所得水相抽入乳化机中,在78℃条件下均质5min,刮辟搅拌乳化20min,降温开始冷却。

(4)当步骤(3)所得物料温度降至58℃时加入霍霍芭油、迷迭香精油、水解胶原蛋白液搅拌均匀。

(5)当步骤(4)所得物料温度降至40℃时加入香精、凯松,搅拌均匀,真空脱气5min出料。

【产品应用】　本品能够快速修复因染发、烫发、日照等因素损伤的头发。

使用时,只需将焗油膏直接涂抹在头发上,无须将头发温热,即无须戴电热帽或焗油机加热处理,头发即可梳理成型,焗油膏中的营养成分能很快渗透到头发内部补充脂质成分。

【产品特性】　本品原料易得,配比科学,工艺简单,设备投资少,适合工业化生产;产品质量稳定,使用效果好,长期使用不堵塞头发毛孔,不会使头发发硬、发脆、易断开叉,不易诱发炎症,并且简化了操作程序,盛夏使用更感舒适。

实例21　天然营养矿物护发泥

【原料配比】

原　　料	配比(质量份)				
	1#	2#	3#	4#	5#
乳化剂	4.5	2.5	2	1.8	1

续表

原　　料	配比（质量份）				
	1#	2#	3#	4#	5#
鲸蜡醇	3	4	2	1	2
精制马脂	4	2	4	4	2
黑泥干粉	0.1	10	25	25	30
甘油	5	5	5	3	5
丙二醇	5	5	5	3	3.5
十二烷基二甲基甜菜碱	6	4	4	4	6
海藻提取物	2	2	2	2	2
D－泛醇	1	1	1	1	1
维生素B₃	2	1	1	1	3
植物提取液	2	2	4	4	2
防腐剂	0.4	0.4	0.4	0.3	0.4
香精	0.1	0.1	0.1	0.1	0.1
去离子水	64.9	61	44.5	48.8	42

【制备方法】

(1)将乳化剂、鲸蜡醇、精制马脂混合,作为甲组分。

(2)将甘油、丙二醇、黑泥干粉、十二烷基二甲基甜菜碱、去离子水混合,搅拌均匀,作为乙组分。

(3)将甲、乙组分分别加热至75~80℃,保温20min。

(4)将甲组分,加入乙组分中,高速搅拌乳化15~20min,作为丙组分。

(5)将丙组分中速搅拌,降温,至50℃时,加入维生素B₃、海藻提取物,40℃时,加入D－泛醇、植物提取液、防腐剂、香精,出料,灌装,即得成品。

【注意事项】 黑泥干粉是一种来自山西省运城市运城盐湖的纯

天然沉积黑泥,这种黑泥富含人体所需的钾、钠、钙、镁、铁、氯、碘、溴及硫酸盐和碳酸盐等多种矿物质和微量元素,还含有对人体皮肤有益的蛋白质、氨基酸和多糖等有机物质。

所述乳化剂是指甲基乙二醇(20)葡萄糖醚倍半硬脂酸酯。

所述防腐剂由苯甲酸丙酯和苯甲酸甲酯按1:2的质量配比组成。

所述海藻提取物是指杜氏盐藻水溶性提取液。

所述植物提取液是指鼠尾草、香脂薄荷、马尾草三种或其中之一的活性物提取液。

【产品应用】 本品为功能型护发产品,能平衡油脂分泌,为头发提供所需微量元素,促进新陈代谢,减少和预防脱发,修复受损毛鳞片,促进头发生长。

【使用方法】 用水将头发润湿后,取适量本品涂抹于头发及头皮上,用手轻揉3~10min后冲洗干净。

【产品特性】 本品配方新颖、科学,工艺简单,成本较低,使用方便,效果理想,不刺激皮肤,不损害发质,安全可靠,极具推广应用价值。

实例22 洗发护发药物

【原料配比】

原　　料	配比(质量份)
生姜	170
牛膝	29
苍术	20
独活	17
白僵蚕	17
檀香	16
桑叶	22
防腐剂	适量
水	适量

【制备方法】

(1)将洗干净的各种药材按1:6的比例用开水浸泡2~5h,然后按常规中药煎药的方法煎煮1~1.5h。

(2)煎煮时间一般为大火煎煮15~30min,然后文火煎煮15~20min,再大火煎煮10~15min,再文火煎煮10~15min,最后大火煎煮10min,煮沸停火,滤出药渣。

(3)经过滤后的药液冷却至室温时,加入药液质量1%~4%的防腐剂,最后装瓶密封即为成品。

【产品应用】 本品能够去屑止痒、防止脱发,使头发柔软黑亮,长期使用还可以治疗偏头痛、风湿头痛等慢性病。

【产品特性】 本品以纯天然药物为原料,配比科学,工艺简单,成本低廉;产品使用方便,无毒副作用,对头皮无刺激,安全可靠。

实例23 护发原料

【原料配比】

原　　料	配比(质量份)				
	1#	2#	3#	4#	5#
十八醇	48	65	75	80	50
C_{16}~C_{18}烷基三甲基氯化铵(70%)	48	32	25	20	50
聚乙二醇(6000)双月桂酸酯	4	3	—	—	—
香精	适量	适量	适量	适量	适量

【制备方法】 将十八醇和C_{16}~C_{18}烷基三甲基氯化铵、聚乙二醇(6000)双月桂酸酯加入搅拌锅内,加热至60~90℃(以能熔融最低温度为宜),搅拌均匀,冷却即得护发原料。

添加香精时,将所制成品分装成500g的小袋,将香精分装成10g的小袋,以2%~4%的比例配制。

【产品应用】 本品可用作护发产品。

护发原料制成护发素、焗油膏等产品时,只需将护发原料加 8~15 倍 60℃以上的热水溶化即可。

【产品特性】 本品配方科学,工艺简单,制得的护发原料外观呈白色蜡状,小片状晶体颗粒,便于包装和使用;用本品调配的护发素、焗油膏,膏体细腻,护发效果好,也可另添加各种功能性原料;使用本品可免去护发产品厂家需要维持多种原料的仓储不便,大大简化生产工序,降低生产成本。

实例 24 护发用品

【原料配比】

实例 1 活细胞洗发护发品

原 料	配比(质量份)
硬脂酸乙二胺乙基酰胺	20~40
十二酸二乙醇酰胺	2~4
乙二醇双硬脂酸酯	1~3
甜菜碱	3~6
复合天然丝蛋白	4~8
透明质酸 HA	0.1~0.4
柠檬酸	适量
香精、色素、防腐剂	适量
表皮生长因子(EGF)	20~100ppm
纯水	加至 100

【制备方法】

将硬脂酸乙二胺乙基酰胺、十二酸二乙醇酰胺、乙二醇双硬脂酸酯、甜菜碱和纯水混合,于 70℃下加热熔解;待上述体系冷却至 45℃时加入复合天然丝蛋白、透明质酸、香精、色素、防腐剂,待冷却至 35℃

以下时,加入 EGF 生理盐水溶液搅匀,最后用柠檬酸调节 pH 值为 5.5 左右搅匀,即得成品。

实例 2 活细胞丝肽护发品

原　料	配比（质量份）
单甘酯	2~5
硬脂酸	4~8
十六醇	4~8
轻质矿物油	3~6
甘油	4~10
十六烷基三甲基氯化铵	1~3
尿囊素	1~3
复合天然丝蛋白	4~8
透明质酸 HA	0.1~0.4
香精、防腐剂	适量
表皮生长因子 EGF	30~100mg/kg
纯水	加至100

【制备方法】

(1)将单甘酯、硬脂酸、十六醇、轻质矿物油在80℃下加热溶解。

(2)将甘油、十六烷基三甲基氯化铵、尿囊素和纯水在80℃下加热溶解。

(3)将步骤(1)和(2)所得物料混合搅拌,冷却至45℃加入复合天然丝蛋白、透明质酸、香精、防腐剂。

(4)待步骤(3)所得体系冷却至35℃时加入 EGF 生理盐水溶液,经超声波乳化后出料。

【产品应用】 本品能参与皮肤和毛发的新陈代谢,以新生细胞迅速替代衰老死亡的细胞,重组皮肤表层的内层,使皮肤和毛发更年轻、更滋润,并能减少皮肤的皱纹。

【产品特性】 本品配方科学合理,工艺简单,质量稳定;所得产品既具有天然化妆品的安全性,又具有生物活性功能,使用效果显著,对人体无任何不良影响。

实例25 止脱发护发宝

【原料配比】

原 料		配比(质量份)	
		1#	2#
植物油	茶籽油	91.4	—
	橄榄油	—	90.1
抗氧化剂	二叔丁基对甲酚	0.5	—
	叔丁基羟基苯甲醚	—	0.3
二十八烷醇粉末(14%)		1	—
二十八烷醇粉末(20%)		—	1.5
羊毛脂		5	6
维生素A		0.05	0.05
维生素E		0.05	0.05
香料		2	2

【制备方法】

(1)将二十八烷醇粉末加入常规用于护发的植物油中,加热至70～90℃使其完全溶解。

(2)将羊毛脂加入步骤(1)所得物料中,混合均匀,待温度降至40～50℃时加入抗氧化剂与维生素E,最后加入香料,混合均匀,包装即为成品。

【产品应用】 本品具有促进血液循环、激活萎缩毛囊、保持头皮正常生理机能的作用,可以使毛发再生及防止再次脱发。

【产品特性】 本品原料易得,配比科学,工艺简单,成本较低;产品稳定性好,使用方便,效果理想,并且无任何毒副作用,无刺激性。

实例26　养发美容精

【原料配比】

原　　　料	配比（质量份）	
	1#	2#
侧柏叶	3	4
补骨脂	1.5	2
首乌	1.3	1.5
当归	1.4	1.5
宣木瓜	2.4	3
黑芝麻	0.95	1
桑树根白皮	2.5	3
大黄	0.25	0.45
植物油	85.49	82
香料	适量	适量

　　【制备方法】　将侧柏叶、补骨脂、首乌、当归、宣木瓜、黑芝麻、桑树根白皮、大黄用水冲洗,干燥后粉碎成粉末,然后与植物油混合并装罐,强烈搅拌均匀后,沉淀密封浸泡6天,提取上清液,最后装瓶时加入香料。

　　【产品应用】　本品能够使头发根部得到充足的营养,促进头部血液循环,可用于护发养发,根治枯焦发,防止头发脱落;还可以使因烫发、海水浴和强烈的阳光暴晒引起干燥的头发变黑、柔软、有光泽。

　　【使用方法】　洗发后待干,将本品均匀涂刷于头发上,用手指在发根部上轻轻地反复揉擦并按摩3~5min,最后用热毛巾(或塑料袋)罩在头上,保持30min即可。连续使用本品10天左右,可使毛囊营养功能得到根本改善,停止使用后也能较长时间使头发保持润滑、不打结,易于梳理。

【产品特性】 本品工艺简单,配方科学合理,使用效果显著;无毒副作用,对人体无不良影响,安全可靠。

实例27 养发美容宝

【原料配比】

原　　料	配比(质量份)
黑豆	3
核桃仁	1
茯苓	1.3
何首乌	1.3
枸杞	0.8
桑葚	1.6
蜂蜜	1
大枣	0.9
甘草	0.7
菊花	1.1

【制备方法】

(1)把黑豆、核桃仁两种原料分别粉碎成20目粗粉。把两种原料放入提取设备中加溶剂(溶剂为水、乙醇等)超过原料,然后加温至沸点后煮40min,粗过滤,取滤液。共提取3次,使原料中的有效成分充分溶出。把3次的滤液混合在一起放入容器中自然或加乙醇沉淀。

(2)把茯苓、何首乌、枸杞、桑葚、大枣、甘草、菊花放入提取设备中加溶剂(溶剂为水、乙醇等)超过原料,加温至沸点煮40min,粗过滤,取滤液。共提取3次,使原料中的有效成分充分溶出。把3次的滤液混合在一起放入容器中自然或加乙醇沉淀。

(3)把步骤(1)和(2)中经过沉淀后的上清液取出混合在一起,精过滤,如用乙醇沉淀或用乙醇提取,则用乙醇回收设备把乙醇回收,得精制液待用。

(4)取步骤(3)所得精制液,加入蜂蜜,装瓶杀菌后制得口服液。也可以取精制液对蜂蜜浓缩到相对密度为 1.25~1.4 的清膏干燥后做成散剂、冲剂或其他口服剂型。

【产品应用】　本品是集乌发、生发、止脱发、养颜、润肤、细腻皮肤和健体益寿为一体的保健品。具有改善睡眠,增加食欲,消除腹胀、腹泻,通畅大便,养护心脏,祛风活血等功效。对非脂溢性脱发、斑秃有很好的治疗效果。

【产品特性】　本品原料广泛易得,工艺简单,可操作性强;配方科学合理,无任何毒副作用,长期食用对人体无不良影响,安全可靠。

实例28　多效头油(发乳)

【原料配比】

原　　料	配比(质量份)
辣椒酊(10%)	1
侧柏叶酊(10%)	2
首乌酊(10%)	1
丹参液(15%)	3
间苯二酚	0.5
胆固醇	1.5
卵磷脂	0.5
维生素 E	0.5
蓖麻油	33
硼砂	2
水杨酸	1
维生素 B$_{12}$	0.01

原　　料	配比(质量份)
维生素C	0.1
蒸馏水	40
白油	45.5
乙醇(95%)	6
红色素	适量
香精	适量

【制备方法】

(1)将硼砂、水杨酸、间苯二酚用三辊机粉碎。

(2)将步骤(1)所得物料投入 1# 罐,再加入蒸馏水,开动搅拌,加热至 90℃,搅拌 30min,降温至 60℃,备用。

(3)将乙醇、辣椒酊、侧柏叶酊、首乌酊、丹参液加入 2# 罐,开动搅拌加热至 60℃,然后将 1# 罐中的热溶料放入 2# 罐恒温 60℃,继续搅拌30min,待抽吸至 3# 罐。

(4)将白油投入 3# 罐中,加热至 110℃,维持 20min,降温至 70℃,将蓖麻油、胆固醇、卵磷脂、维生素、红色素、香精投入 3# 罐恒温 70℃,继续搅拌 30min,经过滤抽入 4# 罐中,连续搅拌降温至 40℃即可放料包装。

【产品应用】 本品能够补充头发油分、使头发不易断裂,并具有乌发、健发、止痒、去屑、防脱发及生发等作用。

【产品特性】 本品配方原料无毒、无害,安全可靠,油体稳定不变质,植物油不酸败;产品性能优良,使用方便,对头皮刺激性小,效果理想。

实例29　人参发乳

【原料配比】

原　　料	配比(质量份)
白油	200
十八醇	50

续表

原　　料	配比（质量份）
单硬脂酸甘油酯	30
甘油	80
吐温 -80	14
尼泊金乙酯	2
远红外陶瓷粉	100
人参提取液	5
柠檬酸	适量
香精	5
去离子水	加至 1000

【制备方法】 取白油、十八醇、单硬脂酸甘油酯、甘油、吐温 -80、尼泊金乙酯、远红外陶瓷粉、人参提取液，用柠檬酸调节 pH 值小于 7，加入去离子水进行混合，加热至 90℃，搅拌，乳化 1h 后冷却至 50℃，加入香精，搅拌，持续冷却至 30℃出料，灌装即可。

【产品应用】 本品可有效保护和滋润头发，使头发性质柔和、充满光泽，并使头发不易脱落。

【产品特性】 本品工艺简单，配方独特，不含药物，适应性强，对头皮及头发无副作用，无过敏反应。

参考文献

[1]李燕.丹参提取物的制备方法及其在美容、护肤、洗发用品的应用:中国,200310104061.4[P].2004-12-15.

[2]何庭玉,陈珊.一种护发素及其制备方法:中国,200610123392.6[P].2007-5-23.

[3]胡桂燕.一种蚕丝蛋白祛斑美白霜及其制备工艺:中国,200610050212.6[P].2006-11-8.

[4]周飞骏.以中药原料为主的烫发剂及其制备方法:中国,200510026614.8[P].2005-11-23.

[5]梁爽.一种中药润肤霜:中国,20140700203.1[P].2014-11-28.

[6]汕头市江源化工有限公司.一种中草药祛斑润肤霜及其生产工艺:中国,201110325649.7[P].2011-10-24.

[7]姜波.一种祛皱祛斑美白保湿润肤霜及其制备方法:中国,20141058029.9[P].2014-09-30.